Ernst Peter Fischer

EINSTEIN
für die Westentasche

Ernst Peter Fischer

EINSTEIN
FÜR DIE
WESTENTASCHE

Mit 29 Abbildungen

Piper
München · Zürich

In derselben Reihe liegen vor:

Wissenschaft für die Westentasche
von John Gribbin

Mathematik für die Westentasche
von Albrecht Beutelspacher

Statistik für die Westentasche
von Walter Krämer

Kosmologie für die Westentasche
von Rudolf Kippenhahn

Physik für die Westentasche
von Harald Lesch und dem Quot-Team

Philosophie für die Westentasche
von Wilhelm Vossenkuhl

ISBN 3-492-04685-1
2. Auflage 2005
© Piper Verlag GmbH, München 2005
Umschlagkonzeption: R. Eschlbeck, München
Umschlaggestaltung: Büro Jorge Schmidt, München
Umschlagabbildung: © Christian Jegou/SPL/Agentur Focus
Gesamtherstellung: Kösel, Krugzell
Printed in Germany

www.piper.de

Inhalt

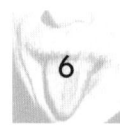

Statt einer Einführung:
Our Master's Voice

»Das Schönste, was wir erleben können, ist das Geheimnisvolle. Es ist das Grundgefühl, das an der Wiege von wahrer Wissenschaft und Kunst steht. Wer es nicht kennt und sich nicht mehr wundern, nicht mehr staunen kann, der ist sozusagen tot und sein Auge ist erloschen.«

(»Wie ich die Welt sehe«, in *Mein Weltbild*, 27. Aufl., Berlin 2001, S. 12)

»Das Denken um seiner selbst willen wie die Musik! ... Die Triebfeder wissenschaftlichen Denkens ist nicht ein äußeres Ziel, das man erstrebt, sondern die Freude am Denken. Wenn ich kein Problem zum Nachdenken habe, dann leite ich mit Vorliebe mathematische und physikalische Sätze wieder ab, die mir längst bekannt sind. Hier ist also gar kein *Ziel* da, sondern nur die Gelegenheit, um sich der angenehmen Thätigkeit des Denkens hinzugeben.«

(Aus einem Brief an Heinrich Zangger, geschrieben am 11. August 1918)

»Eines habe ich in meinem langen Leben gelernt, nämlich daß unsere ganze Wissenschaft, an den Dingen gemessen, von kindlicher Primitivität ist – und doch ist es das Köstlichste, was wir haben.«

(*Einstein sagt*, München 1997, S. 152)

9

»Wenn man alles auf physikalische Gesetzmäßig-
keiten zurückführen würde, wäre das eine Abbildung
mit inadäquaten Mitteln, so als ob man eine Beet-
hoven-Symphonie als Luftdruckkurve darstellte.«

(*Einstein sagt,* München 1997, S. 153)

»Sollen sich alle schämen, die gedankenlos sich der
Wunder der Wissenschaft und Technik bedienen
und nicht mehr davon erfaßt haben, als die Kuh von
der Botanik der Pflanzen, die sie mit Wohlbehagen
frißt.«

(Aus einer Rede zur Funkausstellung in Berlin, gehalten am
22. August 1930)

»Wissenschaft ohne Religion ist lahm, Religion ohne Wissenschaft blind.«

(*Aus meinen späten Jahren,* Stuttgart 1979, S. 43)

AUS EINSTEINS LEBEN

Biographisches –
Die europäischen Jahre

Albert Einstein wurde am 14. März 1879 in Ulm geboren und ist am 18. April 1955 in Princeton (New Jersey) gestorben. Seine Schulzeit hat Einstein in München und im schweizerischen Aarau verbracht, studiert hat er an der Eidgenössischen Technischen Hochschule (ETH) in Zürich. Nach dem Examen nimmt Einstein die Schweizer Staatsbürgerschaft an, und von 1902 bis 1909 findet er Arbeit am Patentamt in Bern. In diese Zeit fällt sein als *Annus mirabilis* bezeichnetes Wunderjahr von 1905, in dem der 26jährige Angestellte III. Klasse die Physik und unser Weltbild nicht zuletzt durch eine neue »Auffassung vom Wesen von Raum und Zeit« revolutioniert.

Einsteins Gedanken sind so ungewohnt und geraten so sehr mit dem gesunden Menschenverstand in Konflikt, daß die offizielle Wissenschaft ein paar Jahre braucht, bis sie ihren künftigen Star entdeckt. Er wird erst 1909 als Professor nach Zürich berufen – und dann auch nur als außerordentlicher. Den Sprung zum Ordinarius schafft Einstein erst 1911, und zwar dank der Deutschen Universität Prag, wo er aber nicht lange bleibt. Bereits 1912 kehrt er in die Schweiz zurück, die er zwar liebt, die ihn aber oft peinlich beargwöhnt. Am Vorabend des Ersten Weltkriegs folgt (der einer breiten Öffentlichkeit nach wie vor völlig unbekannte) Einstein dem Ruf von Max Planck und wechselt in die deutsche Hauptstadt. In Berlin wird er – ohne Lehrverpflichtung – Direktor des Kaiser-Wilhelm-Instituts für Physik und hauptamtliches Mitglied der Preußischen Akademie der Wissenschaften.

1915 stellt Einstein auf einer Sitzung der Akademie eine wesentlich erweiterte Fassung seiner neuen Vorstellungen von Raum und Zeit vor, die als Allgemeine Relativitätstheorie bekannt geworden sind und ein merkwürdiges Bild des Kosmos zeigen. Einstein zufolge leben wir nämlich auf der gekrümmten Oberfläche einer vierdimensionalen Raumzeit. Das hört sich (nicht nur) für den Laien völlig unverständlich an, aber die dazugehörigen physikalischen Ideen sind präzisen Messungen zugänglich und damit quantitativ überprüfbar. Als 1919 die dazu geeigneten Experimente unternommen werden und deren Ergebnisse offiziell bestätigen, daß Einsteins Ideen das Universum besser beschreiben als die Vorstellungen von Isaac Newton, an denen man sich seit Jahrhunderten orientiert hatte, ist ein neuer Star geboren. Einstein kommt auf die Titelseite der populären Zeitungen, und die Relativitätstheorie wird zum Stadtgespräch. Von nun an wächst ihr Schöpfer in die Rolle des Weltweisen, und Einsteins Gesicht wandelt sich nach und nach zu einer Ikone.

Biographisches – Die amerikanischen Jahre

Der 1921 mit dem Nobelpreis für Physik ausgezeichnete Einstein wird nach der Bestätigung seiner Theorie bald von aller Welt umworben, nur nicht in Deutschland und erst recht nicht von den Nazis. In seiner Heimat beginnt schon früh eine häßliche Stimmungsmache gegen ihn. Bereits 1920 organisiert eine »Arbeitsgemeinschaft deutscher Naturforscher zur Erhaltung reiner Wissenschaft« eine Großkundgebung in der Berliner Philharmonie gegen Einstein und die Relativitätstheorien, und die Anfeindungen nehmen mit dem wachsenden Antisemitismus zu, der sich auch in der Wissenschaft bemerkbar macht.

1933 tritt Einstein aus der Preußischen Akademie der Wissenschaft aus und emigriert in die USA. Im Oktober trifft er in New York ein, und 1935 bezieht Einstein in Princeton das Haus in der Mercer Street, in dem er bis zu seinem Tode wohnen wird. Einstein arbeitet in den ihm verbleibenden zwanzig Jahren an dem Institute for Advanced Study, das in Princeton eingerichtet worden ist und wie für ihn geschaffen wirkt.

1939 empfiehlt er in einem berühmten Brief dem amerikanischen Präsidenten Franklin D. Roosevelt, möglichen deutschen Bemühungen um eine Atombombe zuvorzukommen, deren Bau im Rahmen der damals entwickelten Physik gelingen kann. Die Tatsache, daß im Laufe seines Lebens mit Hilfe einer abstrakten Wissenschaft der Weg zu konkreten Vernichtungswaffen gefunden werden konnte, entlockt Einstein kurz vor seinem Tod die Bemerkung, »Wäre ich noch einmal ein junger Mensch und stünde ich erneut vor der Entscheidung über den besten Weg, meinen Lebensunterhalt zu verdienen, so würde ich nicht Wissenschaftler, Gelehrter oder Pädagoge, sondern eher ein Klempner oder Hausierer werden wollen in der Hoffnung, mir damit jenes bescheidene Maß von Unabhängigkeit zu sichern, das unter heutigen Verhältnissen noch erreichbar ist.«

Seine wissenschaftliche Neugier kann Einstein aber nicht ablegen. Bis zuletzt beschäftigen ihn Fragen der Physik, deren theoretische Grundlegung ihm unlösbare Schwierigkeiten bereitet. Unermüdlich denkt er etwa über die Frage nach, was Licht wirklich ist. Zwar meinen viele Zeitgenossen, die Antwort zu kennen, wie er ironisch anmerkt, aber Einstein zufolge sind sie im Irrtum. Das Geheimnis bleibt und das Licht dunkel.

Autobiographisches

»Autobiographisches« – so ist ein Text überschrieben, den der 67 jährige Einstein für den 1949 zum ersten Mal erschienenen Band *Albert Einstein als Philosoph und Naturforscher* (hg. von Paul A. Schilpp) verfaßt hat. In ihm heißt es unter anderem (Rechtschreibung wie im Original):

»Als ziemlich frühreifem jungen Menschen kam mir die Nichtigkeit des Hoffens und Strebens lebhaft zum Bewußtsein, das die meisten Menschen rastlos durchs Leben jagt. ... Jeder war durch die Existenz seines Magens dazu verurteilt, an diesem Treiben sich zu beteiligen. Der Magen konnte durch solche Teilnahme wohl befriedigt werden, aber nicht der Mensch als denkendes und fühlendes Wesen. »... So kam ich – obwohl ein Kind ganz irreligiöser (jüdischer) Eltern – zu einer tiefen Religiosität, die aber im Alter von 12 Jahren bereits ein jähes Ende fand. Durch Lesen populär-wissenschaftlicher Bücher kam ich bald zu der Überzeugung, daß vieles in den Erzählungen der Bibel nicht wahr sein konnte.« [...]

»Es ist mir nicht zweifelhaft, daß unser Denken zum größten Teil ohne Verwendung von Zeichen (Worte) vor sich geht und dazu noch unbewußt. Denn wie sollten wir sonst manchmal dazu kommen, uns über ein Erlebnis zu ›wundern‹? ... Ein Wunder solcher Art erlebte ich als Kind von 4 oder 5 Jahren, als mir mein Vater einen Kompaß zeigte.

Mit neuem Anzug im Patentamt, um 1906.

Daß diese Nadel in so bestimmter Weise sich be-
nahm, paßte so gar nicht in die Art des Geschehens
hinein, die in der unbewußten Begriffswelt Platz
finden konnte. ... Da mußte etwas hinter den Dingen sein, das tief verborgen war.« [...]

»Im Alter von 12 Jahren erlebte ich ein zweites
Wunder ganz verschiedener Art: an einem Büchlein
über Euklidische Geometrie. Da waren Aussagen, ...
die mit solcher Sicherheit bewiesen werden konnten, daß ein Zweifel ausgeschlossen schien. Diese
Klarheit und Sicherheit machte einen unbeschreib-
lichen Eindruck auf mich.«

Langsamkeit

Zu den vielen Gerüchten über Einstein gehört die Behauptung, er habe sich geistig langsam entwickelt. Das stimmt offenbar, denn seine Eltern zeigten sich anfänglich besorgt über den bedächtigen Umgang, den ihr Sohn mit der Sprache pflegte.

Doch Einstein selbst hat die Langsamkeit seiner Entwicklung positiv gesehen:

»Der normale Erwachsene denkt über die Raum-Zeit-Probleme kaum nach. Das hat er seiner Meinung nach bereits als Kind getan. Ich hingegen habe mich geistig derart langsam entwickelt, daß ich erst als Erwachsener anfing, mich über Raum und Zeit zu wundern. Naturgemäß bin ich dann tiefer in die Problematik eingedrungen als die normal veranlagten Kinder.«

Der fünfjährige Albert mit seiner Schwester Maja (1894).

Körperliches

Wenn wir den Namen Einstein hören, denken wir zumeist an den alten Herrn, der uns von tausend Bildern als Halbgott im Pullover mit langen weißen Haaren anblickt und dabei oft lächelt oder lacht. Am meisten verbreitet ist dabei die Postkarte mit der Aufnahme, die an Einsteins 72. Geburtstag gemacht worden ist und auf der man sieht, wie ein ausgelassener Jubilar der Welt fröhlich seine Zunge entgegenstreckt. Wir kennen also den alten Einstein, aber das revolutionäre wissenschaftliche Genie steckte in dem jungen Mann, von dem wir nur vage Vorstellungen haben.

Der wissenschaftlich produktive frühe Einstein war ein hübscher Jüngling von attraktivem Äußeren, den wir uns äußerst reizend und charmant vorstellen müssen und der allzugern bereit war, seine Männlichkeit unter Beweis zu stellen. Zwischen den beiden Extremen vollzog sich im mittleren Alter Einsteins ein eher gewöhnlicher Übergang, von dem wir uns eine Vorstellung machen können, weil unser Held sein Aussehen in dieser Zeit einmal selbst charakterisiert hat. In einem Brief an eine acht Jahre alte entfernte Nichte beschreibt er sich:

»Bleiches Gesicht, lange Haare und eine Art bescheidenes Bäuchlein. Dazu ein eckiger Gang und eine Zigarre im Maul, wenn er eine hat und einen Federhalter in der Tasche oder in der Hand. Krumme Beine und Warzen hat er nicht, ist also ganz hübsch, auch keine Haare auf den Händen wie oft häßliche Männer.«

Und da wir gerade beim Rauchen sind (das ihm oft wichtiger war als das Essen): »Ich habe mir fest vorgenommen, mit einem Minimum ärztlicher Hilfe ins Gras zu beißen. Diät: Rauchen wie ein Schlot, Arbeiten wie ein Roß, Essen ohne Überlegung und Auswahl.«

Ein Arzt hat Einstein einen »Menschen ohne Körpergefühl« genannt. »Er schläft, bis man ihn weckt; er bleibt wach, bis man ihn zum Schlafengehen ermahnt; er kann hungern, bis man ihm zu essen gibt – und essen, bis man ihn zum Aufhören bringt.«

(Zitiert nach Armin Hermann, *Einstein,* München 1994, S. 49, 50 und 52)

In seinem Berliner Arbeitszimmer, um 1920.

Annus Mirabilis –
Die fünf Texte

1905 ist Einstein 26 Jahre alt. Er lebt in Bern, und
sein Leben als Angestellter des Patentamtes läßt ihm
Zeit genug, fünf Arbeiten zu publizieren, von denen
jede einzelne bahnbrechende und nobelpreiswür-
dige Einsichten bringt (vgl. Tabelle zum Wunderjahr,
S. 23). Genauer gesagt schließt Einstein zunächst
zwischen dem 17. März und dem 30. Juni vier Ma-
nuskripte ab, die sich mit höchst unterschiedlichen
Themen beschäftigen. Zwei haben mit Molekülen zu
tun – mit ihrer Dimension und der Diffusion (bekannt
als Brownsche Bewegung) –, und zwei befassen sich
mit dem Licht – mit seiner Natur und Ausbreitung.
Im September fügt Einstein dem Quartett noch als
eine Art Coda seine Antwort auf die eher langweilig
klingende Frage hinzu, »Ist die Trägheit eines Körpers
von seinem Energieinhalt abhängig?«

Einsteins Antwort »Ja« ist weniger wichtig als
die Form, die er ihr gibt. Die Trägheit eines Körpers
steckt in seiner Masse (m), und Einstein entdeckt,
daß ihr eine Energie (E) entspricht. Er leitet zwischen den beiden Größen die wohl berühmteste
mathematische Formel der Welt ab. Sie hat längst
den Weg auf viele T-Shirts gefunden und lautet »E
gleich m mal c zum Quadrat« oder kürzer $E = mc^2$.
Der Buchstabe c steht dabei für die Geschwindigkeit, mit der sich Licht in einem leeren Raum ausbreiten kann.

Annus Mirabilis –
Der revolutionäre Text

Die Lichtgeschwindigkeit taucht in der berühmten Einstein-Formel $E = mc^2$ nicht zufällig auf. Sie bekommt in seiner Physik die Doppelrolle, eine Naturkonstante zu sein und eine obere Grenze darzustellen. Nichts kann sich schneller als Licht bewegen, was auch heißt, daß die Übertragung von Information nicht beliebig schnell sein kann, sondern so viel Zeit braucht wie das Licht. Auch die Information über die Zeit selbst braucht Zeit, die daher nicht so absolut sein kann, wie es sich der gewöhnliche Menschenverstand denkt. Einstein erkennt, daß sie nur relativ zum Ort ihrer Messung (einer Uhr) bestimmbar ist, und die genaue Darstellung dieser Zusammenhänge heißt heute Relativitätstheorie. Sie erscheint zum ersten Mal 1905 unter dem eher unauffälligen Titel »Zur Elektrodynamik bewegter Körper« und wirkt auf die zeitgenössischen Kollegen so irritierend, daß sie sich noch mehr als ein Jahrzehnt später scheuen, ihm dafür den Nobelpreis zu geben. Diese Auszeichnung bekommt er statt dessen für seinen Hinweis, der ebenfalls aus dem Wunderjahr stammt, daß sich die Eigenschaften von Licht nur erklären lassen, wenn man ihm zubilligt, sowohl Welle als auch Teilchen zu sein. Einstein selbst hält diese Einsicht in die Dualität des Lichts für seine eigentliche revolutionäre Tat von 1905. Sie gibt ihm allerdings zugleich das Gefühl, den Boden unter den Füßen verloren zu haben, auf dem die Physik seit Jahrhunderten gestanden hatte. Auf ihm sollten objektive Gesetze errichtet werden, die unabhängig von einem Beobachter waren und ohne ihn formuliert werden konnten. Zu seinem eigenen Erstaunen mußte Einstein nun feststellen, daß dieser Boden brüchig war. Die Natur des Lichtes hing nicht allein von der untersuchten Strahlung ab, sondern auch von der Frage, die ein Physiker im Experiment stellte. Mit anderen Worten, Einstein hatte die erste Frage der Physik entdeckt, für die es keine objektive Antwort gab. Die klassische Epoche seiner Wissenschaft war damit zu Ende. Die Zeit der Moderne konnte beginnen.

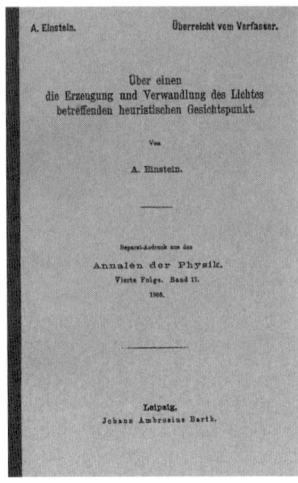

Das Deckblatt zum Sonderdruck der revolutionären Arbeit, für die Einstein den Nobelpreis bekommen hat.

Tabelle zum Wunderjahr: Die fünf großen Arbeiten von 1905

1. »Über einen die Erzeugung und Umwandlung des Lichts betreffenden heuristischen Standpunkt«, *Annalen der Physik,* Band 17, S. 132–184; eingereicht am 18. März 1905

2. »Eine neue Bestimmung der Moleküldimension«, Dissertation, beendet am 30. April 1905, gedruckt bei K. J. Wyss, Bern (später geringfügig verändert erschienen unter dem gleichen Titel in *Annalen der Physik,* Band 19 (1906), S. 289–305)

3. »Über die von der molekulartheoretischen Theorie der Wärme geforderte Bewegung von in ruhenden Flüssigkeiten suspendierten Teilchen«, *Annalen der Physik,* Band 17, S. 549–560; eingegangen am 11. Mai 1905

4. »Zur Elektrodynamik bewegter Körper«, *Annalen der Physik,* Band 17, S. 891–921; eingegangen am 30. Juni 1905

5. »Ist die Trägheit eines Körpers von seinem Energieinhalt abhängig?«, *Annalen der Physik,* Band 18, S. 639–641; eingegangen am 27. September 1905

6. Über einen die Erzeugung und Verwandlung des Lichtes betreffenden heuristischen Gesichtspunkt; von A. Einstein.

[1]

Zwischen den theoretischen Vorstellungen, welche sich die Physiker über die Gase und andere ponderable Körper gebildet haben, und der Maxwellschen Theorie der elektromagnetischen Prozesse im sogenannten leeren Raume besteht ein tiefgreifender formaler Unterschied. Während wir uns nämlich den Zustand eines Körpers durch die Lagen und Geschwindigkeiten einer zwar sehr großen, jedoch endlichen Anzahl von Atomen und Elektronen für vollkommen bestimmt ansehen, bedienen wir uns zur Bestimmung des elektromagnetischen Zustandes eines Raumes kontinuierlicher räumlicher Funktionen, so daß also eine endliche Anzahl von Größen nicht als genügend anzusehen ist zur vollständigen Festlegung des elektromagnetischen Zustandes eines Raumes. Nach der Maxwellschen Theorie ist bei allen rein elektromagnetischen Erscheinungen, also auch beim Licht, die Energie als kontinuierliche Raumfunktion aufzufassen, während die Energie eines ponderabeln Körpers nach der gegenwärtigen Auffassung der Physiker als eine über die Atome und Elektronen erstreckte Summe darzustellen ist. Die Energie eines ponderabeln Körpers kann nicht in beliebig viele, beliebig kleine Teile zerfallen, während sich die Energie eines von einer punktförmigen Lichtquelle ausgesandten Lichtstrahles nach der Maxwellschen Theorie (oder allgemeiner nach jeder Undulationstheorie) des Lichtes auf ein stets wachsendes Volumen sich kontinuierlich verteilt.

[2]

Die mit kontinuierlichen Raumfunktionen operierende Undulationstheorie des Lichtes hat sich zur Darstellung der rein optischen Phänomene vortrefflich bewährt und wird wohl nie durch eine andere Theorie ersetzt werden. Es ist jedoch im Auge zu behalten, daß sich die optischen Beobachtungen auf zeitliche Mittelwerte, nicht aber auf Momentanwerte beziehen, und es ist trotz der vollständigen Bestätigung der Theorie der Beugung, Reflexion, Brechung, Dispersion etc. durch das

[3]

Die ersten Zeilen der „sehr revolutionären" Arbeit, in der das Licht neu gedeutet wird.

FRAUEN, FAMILIE, FREUNDE

Ehe und Familie

1903 hat Einstein zum ersten Mal geheiratet, und zwar die von Serben abstammende Mileva Marić, die er seit vielen Jahren als Studienkollegin kannte und mit der er seit 1897 amüsante Liebesbriefe austauschte (nachzulesen in einem Buch mit dem Titel *Am Sonntag küss' ich Dich mündlich*). Die Ehe kommt gegen den erbitterten Widerstand von Einsteins Eltern zustande, die zum Glück nichts von der unehelichen Tochter namens Lieserl wissen, deren Spur sich verliert, ohne daß Einstein sie jemals zu Gesicht bekommt. 1904 wird der erste Sohn Hans Albert geboren, den Einstein vielleicht auf seinen Knien sitzen hatte, als er seine Arbeiten für das Wunderjahr niederschrieb, und 1910 folgt der zweite Sohn Eduard. Während Hans Albert sich fast wie erwartet entwickelt (und später Professor für Hydraulik im kalifornischen Berkeley wird), zeigt Eduard erst Ansätze einer hohen Begabung, bevor ihn eine Geisteskrankheit aus der Lebensbahn wirft. Er kommt in eine Züricher Anstalt (das Burghölzli) und stirbt, ohne von seinem Vater jemals besucht worden zu sein. Der hat sich inzwischen von Mileva scheiden lassen, um noch im gleichen Jahr (1919) seine Cousine Elsa zu heiraten, wobei man sich auf keinen Fall vorstellen sollte, daß dies aus großer Liebe geschehen ist.

Es stimmt sicher, wenn Biographen schreiben, daß Einstein als Familienmensch versagt hat, und zwar sowohl seinen beiden Kindern als auch seinen beiden Ehefrauen gegenüber. Er selbst hat oft und gern gesagt, er sei eigentlich der geborene »Einspänner«, aber bekanntlich braucht gerade solch ein Mensch jemanden, der ihm den Haushalt macht und frische Hemden hinlegt. Einsteins Umgang mit Mileva am Ende der Ehe kann nur mit den schlimmsten Worten beschrieben werden. Er hat die Mutter seiner Kinder schlechter als eine Angestellte behandelt und von ihr vor allem verlangt, pünktlich das Essen auf den Tisch zu stellen, wenn er vom Amt nach Hause kommt, und gefälligst den Mund zu halten, während er speist.

Anzumerken bleibt abschließend, daß Einstein leidlich zweimal in seinem Leben geweint haben soll. Ein erstes Mal, als sein Vater starb (1902), und ein zweites Mal, als er seine Familie verließ.

Scheidungsbedingungen

Einsteins Ehe wird 1919 geschieden, wobei die dazugehörigen Verhandlungen vor dem Amtsgericht in Berlin-Schöneberg kurz vor Weihnachten 1918 mit einem Schuldbekenntnis seinerseits beginnen. Nachdem Einstein seinen Vornamen und sein Alter (39) genannt und sich als religiöser Dissident eingestuft hat, gibt er zu, Ehebruch begangen zu haben: »Ich lebe seit etwa $4\frac{1}{2}$ Jahren mit meiner Kusine, der Witwe Elsa Einstein, geschiedene Löwenthal, zusammen und unterhalte fortgesetzt intime Beziehungen«, wie er sachlich feststellt, und zwar unabhängig von der »Ungehaltenheit«, die seine Frau Mileva »darüber zu erkennen gegeben« hat.

Wenn man die genannte Zeit zurückrechnet, kommt man in den Sommer von 1914, in dem Einstein seiner Frau folgende »Bedingungen« diktiert, unter denen er zunächst noch bereit war, auf eine Scheidung zu verzichten (Zeichensetzung und Rechtschreibung wie im offiziellen Original, das nicht frei von Fehlern ist):

»A. Du sorgst dafür, 1) daß meine Kleider und Wäsche ordentlich im Stand gehalten werden, 2) daß ich die drei Mahlzeiten *im Zimmer* ordnungsgemäß vorgesetzt bekomme. 3) Das mein Schlafzimmer und Arbeitszimmer stets in guter Ordnung gehalten sind, insbesondere, daß der Schreibtisch *mir allein* zur Verfügung steht.

B. Du verzichtest auf alle persönlichen Beziehungen zu mir, soweit deren Aufrechterhaltung aus gesellschaftlichen Gründen nicht unbedingt geboten ist. Insbesondere verzichtest Du darauf 1) daß ich zuhause bei Dir sitze 2) daß ich zusammen mit Dir ausgehe oder verreise

C. Du verpflichtest Dich ausdrücklich, im Verkehr mit mir folgende Punkte zu beachten:

1) Du hast weder Zärtlichkeiten von mir zu erwarten noch mir irgendwelche Vorwürfe zu machen. 2) Du hast an mich gerichtete Rede sofort zu sistieren, wenn ich darum ersuche. 3) Du hast mein Schlaf- bezw. Arbeitszimmer sofort ohne Widerrede zu verlassen, wenn ich darum ersuche.

D. Du verpflichtest Dich, weder durch Worte noch durch Handlungen mich in den Augen meiner Kinder herabzusetzen.«

Die Ausgabe der Liebesbriefe, die Albert an Mileva geschrieben hat.

Keine Mutter
der Relativität

Bekanntlich hören diejenigen am wenigsten, die nicht hören wollen. Und bekanntlich ist es zwar leicht, Gerüchte in die Welt zu setzen, wenn sie auf ein bereitwilliges Publikum treffen, doch nahezu unmöglich, sie wieder aus der Welt zu schaffen, wenn der Zeitgeist das nicht zuläßt. Da in den vergangenen Jahrzehnten der Feminismus für Furore gesorgt hat, reichte eine ansonsten unergiebige Biographie über Einsteins erste Frau, um dem Vater der Relativitätstheorie eine Mutter an die Seite zu stellen. Als ausschlaggebenden Beleg zitiert das 1987 auf Deutsch erschienene Buch Briefzeilen wie die folgenden, die der 23jährige schwerverliebte Einstein aus Mailand an Mileva schreibt: »Wie glücklich bin ich, daß ich in Dir eine ebenbürtige Kreatur gefunden habe, die gleich kräftig und selbständig ist wie ich selbst.« Leider findet sich neben dieser allgemeinen Wertschätzung keinerlei andere Evidenz für die Behauptung, Mileva habe mit zur Entwicklung der berühmten Relativitätstheorie beigetragen. Einstein hat sicher so gut wie nichts unternommen, um seiner Frau die Möglichkeit zum physikalischen Arbeiten zu geben. Aber irgendwelche Ideen von ihr ausgenutzt hat er garantiert nicht. Er hatte selbst genügend.

Frauen

Einstein und die Frauen – das ist in den letzten Jahren ein immer spannenderes Thema geworden, wobei wir nicht das Verhältnis zu seiner Mutter Pauline oder zu seiner Schwester Maja meinen. Zwar hat man lange Zeit hindurch gedacht, in Einstein ein eher weltabgewandtes und zart vergeistigtes Wesen vor sich zu haben. Doch inzwischen klärt sich der Blick auf den stürmischen Weltweisen. Man nimmt jetzt vielleicht etwas zu heftig zur Kenntnis, daß er in seiner Jugend ein sehr attraktiver Bursche war, der den Frauen erfolgreich nachstellte und ihnen sicher nicht nur die Relativitätstheorie erklärt hat (obwohl er einmal als banales Beispiel für die Relativität davon gesprochen hat, daß eine Minute auf einer heißen Herdplatte zu sitzen einem länger vorkommt als eine Stunde, die man mit einem heißen Mädchen verbringen kann).

Man nimmt inzwischen darüber hinaus zur Kenntnis, daß er im Alter ein stattliches Mannsbild abgab, das nicht nur wegen seines Ruhms auf das weibliche Geschlecht höchst anziehend wirkte. Wir wollen diese private Seite von Einsteins Leben zwar geziemend erwähnen, uns aber nicht bemühen, die Zahl seiner Affären oder die seiner unehelich gezeugten Kinder weiter in die Höhe zu treiben. Zu berichten bleibt trotzdem, wie rücksichtslos er seiner zweiten Frau Elsa gegenüber gehandelt hat, die zwei Töchter mit in die Ehe gebracht hat. Elsa mußte zum einen viele Nachmittage außer Haus verbringen, weil eine Geliebte zu Besuch gekommen war, und sie mußte zum zweiten sogar zusehen, wie ihr Mann ein Verhältnis mit seiner Stieftochter Ilse anfing. Bereits bevor Einstein seine Cousine heiratet, hat er ein Auge auf die 20jährige Ilse geworfen und ihr »gegenüber einmal zugegeben, wie schwer es ihm fällt, sich zu beherrschen«. So steht es in einem Brief, den Elsas jüngere Tochter am 22. Mai 1918 an einen Freund der Familie (Georg Nicolai) schreibt und in dem sie ihr Dilemma schildert:

»Einerseits möchte ich mein Leben lang bei Albert sein, aber um mit ihm verheiratet zu sein, dazu gehört meines Erachtens nach noch eine andere Liebe.« Sie war bei Einstein nicht zu finden.

Akademie Olympia

Bevor alle Welt Einstein kannte, gab es eine Zeit, in der niemand ihn wollte. Um wenigstens etwas Geld zu verdienen, bot er in den ersten Jahren nach 1900 seine Dienste als Privatlehrer an, und eines Tages meldete sich ein aus Rumänien stammender Jude namens Maurice Solovine. Doch der Unterricht dauerte nicht lange, denn bald fand es Einstein spannender, sich mit Solovine über die Bedingungen des Naturerkennens zu unterhalten, und als sich den beiden noch der an einer mathematischen Dissertation arbeitende Conrad Habicht anschloß, gründete das Trio die Akademie Olympia. Man wagte sich an schwierige Texte wie die *Ethik* von Spinoza oder *Die Mechanik in ihrer Entwicklung* von Ernst Mach, man diskutierte den Inhalt populärer Bücher wie die *Vorträge und Reden* von Hermann von Helmholtz, und man ereiferte sich über literarische Werke wie den *Don Quijote* von Miguel de Cervantes. Besonders intensiv hat sich die Gesprächsrunde mit den Ideen des großen schottischen Philosophen der Aufklärung, David Hume, beschäftigt, von dem Immanuel Kant gesagt hat, daß der ihn aus seinem »dogmatischen Schlummer« geweckt habe. Für Hume ist es nicht zu rechtfertigen, von wiederholten Ereignissen, von denen wir erfahren haben, auf künftige Abläufe zu schließen, von denen wir noch nichts kennen. Er sieht das höchste Ziel des menschlichen Erkennens

Die Mitglieder der Akademie Olympia – von links
nach rechts: Conrad Habicht, Maurice Solovine, Albert
Einstein.

darin, empirisch zugängliche Naturerscheinungen
einheitlich zusammenzufassen und ihre Vielfalt
einigen wenigen Ursachen unterzuordnen, die nicht
ableitbar sind.

Wenn es stimmt, wie oft gesagt wird, daß Wissenschaft im Gespräch entsteht, so hat Einstein in
der Akademie Olympia die Voraussetzung dafür
geschaffen. Außerdem wird klar, daß er ein äußerst
belesener – also höchst gebildeter – Mann war, der
die Philosophen genau studiert hatte, über die er
sich äußerte.

Freunde

Die Akademie Olympia und ihre »übermütigen Abende« währten nur kurz, da eines ihrer Mitglieder Bern verlassen mußte, um anderswo eine Stelle zu finden. Einstein gelobte zwar »Treue und Anhänglichkeit bis zum hochgelehrten letzten Schnaufer«, aber nach der Auflösung des Trios war es für ihn ein Glücksfall, daß sein Freund Michele Besso in die Stadt kam, um 1904 ebenfalls am Patentamt zu arbeiten. Einstein hatte den sechs Jahre älteren Besso bei Musikabenden in Zürich während seines Studiums kennengelernt, und er schätzte das breite Interesse des Ingenieurs, der bei den abendlichen Gesprächen auf dem gemeinsamen Heimweg zu dem »Resonanzboden« wurde, an dem Einstein prüfen konnte, ob seine neuen Ideen ein Echo hinterließen. Besso ist erst kurz vor Einstein gestorben und auf diese Weise sein lebenslanger Freund geblieben, mit dem Einstein korrespondiert hat. Als er vom Tod des »guten Besso« erfährt, schreibt er die rätselhaften Worte, daß es nicht so schlimm sei, wenn Michele die Welt vor ihm verlassen habe, denn »die Unterscheidung zwischen Vergangenheit, Gegenwart und Zukunft ist nur eine Täuschung, wenn auch eine hartnäckige«.

Von den vielen Freunden Einsteins können hier nur wenige erwähnt werden. Zum einen sein mathematisch versierter Studienkollege Marcel Grossmann, der ihm später half, das Formeldickicht zu lichten, das auf dem Weg zur Allgemeinen Relativitätstheorie zu durchqueren war. Und zum zweiten der Astronom Erwin Freundlich, der 1919 eine »Einstein-Spende« organisierte, um in Berlin eine neue Sternwarte zur Sonnenbeobachtung errichten zu können, und zwar den Einstein-Turm, der nach Entwürfen des Architekten Erich Mendelsohn gebaut wurde.

Einsteins Freunde unter den Wissenschaftlern sind zu zahlreich, um hier genannt zu werden. Eine Ausnahme muß allerdings bei Max Planck gemacht werden, der sich bereits für Einstein einsetzte, als der noch als unbekannter Angestellter in Bern lebte. Es wird oft gesagt, daß Einstein Plancks wichtigste Entdeckung war. Ihr verdanken wir sehr viel.

In dem Cartoon von Sidney Harris zeigt sich, was wir an Einstein verstehen können.

DIE RELATIVITÄT VON RAUM UND ZEIT

Die Relativitätstheorien

Es gibt zwei Relativitätstheorien, eine Spezielle, die 1905 vorgelegt worden ist, und eine Allgemeine, für die Einstein zehn Jahre länger gebraucht hat. Während die Spezielle Theorie in der Luft lag, wie man so sagt, meinen viele Kenner der Physik, daß es die Allgemeine Relativitätstheorie ohne Einstein bis heute nicht geben würde.

Die Bezeichnung »Relativität« kommt von der Ausgangsfrage her, wie zwei Menschen die Welt erfahren, die sich relativ zueinander bewegen. Als Beispiel kann man sich einen Beobachter am Hafen und einen zweiten auf einem vorbeifahrenden Schiff vorstellen. Als erste Möglichkeit wird dem Schiff erlaubt, mit konstanter Geschwindigkeit Kurs zu halten. Es vollzieht also – vom Standpunkt der Person im Hafen aus gesehen – eine gradlinige gleichförmige Bewegung, wobei klar ist, daß sich auch ein Beobachter an Bord als ruhend betrachten und den Kollegen an Land als relativ zu ihm bewegt betrachten kann. Beide Sichtweisen sind äquivalent, sie müssen zu den gleichen physikalischen Gesetzen führen, und die Spezielle Relativitätstheorie bringt dies unter der erschwerenden Vorgabe zustande, daß es bei aller Relativität eine feste Größe gibt, nämlich die Geschwindigkeit des Lichts, mit dem die beiden Beobachter Signale und Informationen austauschen.

Nach diesem Erfolg fragte sich Einstein, ob »das Prinzip der Relativität auch für Systeme gilt, welche relativ zueinander beschleunigt sind«. Die entsprechende Situation kann sich leicht vorstellen, wer an ein Segelboot denkt, das den Kräften des Windes ausgesetzt ist und dauernd beschleunigt oder abgebremst wird. Da wir im kosmischen Rahmen auf einem Planeten unterwegs sind, auf den ununterbrochen viele Kräfte einwirken, wollte (und mußte) Einstein seine Relativitätstheorie auf beliebige Systeme ausweiten, wenn er die Welt als Ganzes erfassen wollte. Als konkreter Ausgangspunkt diente ihm dabei die Frage, ob und wie sich Beschleunigungen von den Wirkungen unterscheiden lassen, die Schwerefelder auf einen Körper ausüben.

Die Antwort darauf ist schwieriger als auf die Frage, die es für die Spezielle Relativitätstheorie zu lösen galt und die wissen wollte, wie sich Leute auf dem Schiff und im Hafen darüber einigen können, ob zwei Ereignisse gleichzeitig stattgefunden haben. Einsteins frühe und nachhaltige Erkenntnis, die ihm offenbar frühmorgens beim Aufwachen nach einem abendlichen Gespräch mit seinem Freund Besso gekommen ist, besteht für diesen Fall darin, daß der Gleichzeitigkeit keine absolute Bedeutung zukommt. Sie ist nur relativ zu haben.

Gleichörtlichkeit

Das eher schwierige Konzept der Gleichzeitigkeit hat Einstein einmal dadurch zu erläutern versucht, daß er das räumliche Gegenstück einer »Gleichörtlichkeit« eingeführt hat. In einem um 1917 herum entstandenen Text, in dem er »Die hauptsächlichen Gedanken der Relativitätstheorie« formuliert hat, schlägt er (in uralter Rechtschreibung) vor, sich den Sinn der folgenden beiden Aussagen zu überlegen:

»Zwei Ausbrüche des Vesuv finden zu verschiedener Zeit, aber an demselben Orte statt (nämlich am Krater des Vesuv). Das Aufleuchten zweier entfernter ›neuer Sterne‹ findet zu derselben Zeit aber an verschiedenen Orten statt.«

Wer dies tut, kommt zu folgendem Ergebnis: »Seit langem weiß man, daß die Aussagen der ersten Art (über die Gleichörtlichkeit) keinen Sinn haben. In der That dreht sich ja die Erde um die Achse, bewegt sich dabei um die Sonne, und bewegt sich mit dieser noch obendrein nach dem Sternbilde des Herkules hin. Man kann also doch nicht ernsthaft behaupten, daß beide Ausbrüche des Vesuv an demselben Ort des Weltalls stattgefunden hätten. Man sieht an diesem Beispiele leicht, daß wir derartigen Aussagen uber die Gleichörtlichkeit überhaupt keinen Sinn beimessen können. Wir können nur sagen: die beiden Ausbrüche des Vesuv finden an demselben Orte *inbezug auf die Erde* statt.« Die Erde spielt in dieser Aussage die

Rolle eines »Bezugskörpers«; örtliche Aussagen haben nur dann einen Sinn, wenn sie auf einen Bezugskörper bezogen werden.

Dann vollzieht Einstein den Schritt zur Gleichzeitigkeit, was problematisch ist, weil man zunächst geneigt ist, »einen Menschen für geisteskrank zu erklären, der behauptet, die Aussage vom gleichzeitigen Aufleuchten zweier Sterne hätte keinen bestimmten Sinn, wenn man nicht einen Bezugkörper aufweise, auf den sich die Aussage über Gleichzeitigkeit beziehen solle. Und doch ist die Wissenschaft durch die überzeugende Gewalt von Erfahrungsthatsachen dazu gezwungen worden, dies zu behaupten.«

Es geht dabei um die Erfahrungen, die mit der Ausbreitung des Lichts gemacht worden sind und die in dem »Relativitätsprinzip« zusammengefaßt werden können, in dem konstatiert wird, daß die Naturgesetze unabhängig vom Bewegungszustand eines Bezugskörpers sind. Um diesen Gedanken widerspruchfrei anwenden zu können, muß die Hypothese von einem absoluten Charakter der Zeit aufgegeben werden. Zeit muß relativ zu einem Bezugskörper (einer Uhr) definiert werden, und zwar so, »daß inbezug auf ihn das Gesetz von (der Konstanz) der Lichtgeschwindigkeit gültig ist«.

Gleichzeitigkeit

»Definition der Gleichzeitigkeit« – so ist der erste Abschnitt von Einsteins berühmter Arbeit über »Die Elektrodynamik bewegter Körper« überschrieben, die im Wunderjahr erscheint. Ihm ist bei seinen dazugehörigen Überlegungen aufgefallen, »daß alle unsere Urteile, in welchen die Zeit eine Rolle spielt, immer Urteile über gleichzeitige Ereignisse sind«. Denn »wenn ich z. B. sage: ›Jener Zug kommt hier um 7 Uhr an‹, so heißt dies etwa: ›Das Zeigen des kleinen Zeigers meiner Uhr auf 7 und das Ankommen des Zuges sind gleichzeitige Ereignisse.‹«

Das, was wir Zeit nennen, kann nur für den Ort festgelegt werden, an dem sich die Uhr befindet, mit der gemessen wird. Ihre Zeiger können zwar überall im Universum eine bestimmte Stellung einnehmen. Aber es braucht Zeit, bis die Information über die Zeit, die sie damit anzeigen, bei einem anders positionierten und relativ bewegten Beobachter angekommen ist. Schließlich kann nichts schneller als Lichtgeschwindigkeit vorankommen. Das herkömmliche Verständnis von Gleichzeitigkeit gilt nur für den Ort der Uhr selbst. Um »an verschiedenen Orten stattfindende Ereignisreihen miteinander zeitlich zu verknüpfen«, benötigt man ein Verfahren, um die Zeiten zu ordnen, die mit räumlich getrennten und relativ zueinander bewegten Uhren gemessen wurden. Einstein schlägt im Verlauf des Textes einen mathematisch abgesicherten

Weg zur Synchronisation vor, an dessen Ende eine Symmetrie steht. Jetzt ist nicht nur der Ort, den ich einnehme, von der Zeit abhängig. Jetzt ist auch die Zeit, die ich dort messe, von dem Ort abhängig, an dem ich mich befinde. Anders und höchst wissenschaftlich ausgedrückt – die Zeit wird die vierte Dimension eines Kontinuums aus dem dreidimensionalen Raum (unserer Anschauung) und der Zeit, das den Namen Raumzeit bekommt.

Die Gipfelleistung der Menschheit – wie es ein Cartoonist sieht (S. Harris).

Raumzeit und mehr

Was ein Zeitraum ist, wissen wir alle ohne Physik und ohne Schwierigkeiten. Was aber eine Raumzeit ist, scheint nur mit Mühe verständlich zu sein. Das mag an der Tatsache liegen, daß die Idee ursprünglich von einem Mathematiker – Hermann Minkowski – stammt, der Einsteins physikalischen Ideen die elegante Form gab, die sie in den Lehrbüchern der Physik nach wie vor hat. In ihr wird unsere Welt als ein kontinuierliches Gebilde mit drei räumlichen und einer vierten Dimension präsentiert, in der die Zeit auftaucht. Damit kommt in der Sprache der Mathematik zum Ausdruck, was Einstein erkannt hat und einem schlichten Verständnis der Wirklichkeit zu widersprechen scheint. Naiv denken wir, daß Raum und Zeit nichts miteinander zu tun haben und nebeneinander herlaufen. Doch nach und mit der Relativitätstheorie wissen wir besser Bescheid. Zeit und Raum hängen eng zusammen, was Dichtern nie fremd gewesen ist. Wenn etwa Thomas Mann *Joseph und seine Brüder* lange Wüstenreisen unternehmen läßt, spricht er davon, daß dabei irgendwann die Zeit den Raum besiegen kann.

Die Verbindung von Raum und Zeit als Raumzeit erkennt Einstein in der Speziellen Relativitätstheorie. Wenn er sie zur Allgemeinen hin erweitert, verweben sich dabei auch Raum und Masse, die ihrerseits in Energie umgerechnet werden kann.

Damit hängen plötzlich alle Grundformen des physikalischen Seins zusammen: Raum, Zeit, Energie und Masse bzw. Materie. Das heißt, sie entstehen zusammen und vergehen zusammen. Damit läßt sich die wahrscheinlich tiefste Einsicht Einsteins in seinen eigenen Worten ausdrücken:

»Früher hat man geglaubt, wenn alle Dinge aus der Welt verschwinden, so bleiben noch Raum und Zeit übrig; nach der Relativitätstheorie verschwinden aber Zeit und Raum mit den Dingen.«

THE NEW YORK TIMES.

LIGHTS ALL ASKEW IN THE HEAVENS

Men of Science More or Less Agog Over Results of Eclipse Observations.

EINSTEIN THEORY TRIUMPHS

Stars Not Where They Seemed or Were Calculated to be, but Nobody Need Worry.

A BOOK FOR 12 WISE MEN

No More in All the World Could Comprehend It, Said Einstein When His Daring Publishers Accepted It.

Die *New York Times* vom 10.11.1919 meldet Einsteins Triumph.

Masse

Masse meint keine Riesenansammlung von Menschen, sondern die physikalische Eigenschaft, die einen Körper zum Beispiel schwer macht und ihm das Gewicht gibt, das er auf eine Waage bringt. Genauer ist in dem Fall von der schweren Masse die Rede, die von ihrem Gegenstück, der trägen Masse, unterschieden wird. Diese Form zeigt sich als der Widerstand, den ein Körper allen Versuchen entgegenstellt, ihn zu beschleunigen oder abzubremsen. Der Ausdruck »Gegenstück« ist deshalb berechtigt, weil die schwere Masse einer Kraft folgt – im Beispiel der Schwerkraft –, während sich die träge Masse einer Kraft entgegenstellt. Lange Zeit war in der Physik umstritten, was die beiden miteinander zu tun haben und wie sie quantitativ zusammenhängen. Das heißt, es war umstritten, bis Einstein kam und beide Formen der Masse für identisch erklärte. Er gewann diese Überzeugung, als ihm plötzlich klar wurde, daß jemand, der vom Dach seines Hauses fällt, sein Gewicht nicht mehr spürt. Zur genauen physikalischen Begründung führte Einstein die Tatsache an, daß ihm niemand ein Kriterium nennen könne, mit dessen Hilfe sich eine Beschleunigung und die Wirkung eines Schwerefeldes unterscheiden lassen.

Neben der Eigenschaft, einem Körper seine Schwere und seine Trägheit zu verleihen, zeigt die Masse nach Einsteins fünfter Arbeit im Wunderjahr

Aus dieser Gleichung folgt unmittelbar:

Gibt ein Körper die Energie L in Form von Strahlung ab, so verkleinert sich seine Masse um L/V^2. Hierbei ist es offenbar unwesentlich, daß die dem Körper entzogene Energie gerade in Energie der Strahlung übergeht, so daß wir zu der allgemeineren Folgerung geführt werden:

Die Masse eines Körpers ist ein Maß für dessen Energieinhalt; ändert sich die Energie um L, so ändert sich die Masse in demselben Sinne um $L/9 \cdot 10^{20}$, wenn die Energie in Erg und die Masse in Grammen gemessen wird.

Es ist nicht ausgeschlossen, daß bei Körpern, deren Energieinhalt in hohem Maße veränderlich ist (z. B. bei den Radiumsalzen), eine Prüfung der Theorie gelingen wird.

Wenn die Theorie den Tatsachen entspricht, so überträgt die Strahlung Trägheit zwischen den emittierenden und absorbierenden Körpern.

Bern, September 1905.

(Eingegangen 27. September 1905.)

Die letzten Zeilen der berühmten Arbeit, die zur Einsicht in die Äquivalenz von Energie und Masse führt.

noch die Besonderheit, der Energie äquivalent zu sein. Die Trägheit eines Körpers ist nämlich von seinem Energieinhalt abhängig, was dazu führt, daß bewegte und ruhende Körper unterschiedliche Massen haben. Es besteht für physikalische Objekte sogar die Möglichkeit, die Ruhemasse Null zu haben, nämlich dann, wenn sie sich mit Lichtgeschwindigkeit bewegen. Nur dann können sie diesen Grenzwert erreichen.

Zeit

»Zeit ist, was man an der Uhr abliest.« So pflegte Einstein zu antworten, wenn ihn jemand nach dem Wesen der Zeit fragte, wie man hochtrabend bzw. tiefsinnig sagen könnte. Das scheinbar harmlose Sätzchen bezieht sich natürlich nur auf die physikalische Zeit und macht sie abhängig von Dingen. Zeit allein gibt es nicht. Von ihr zu reden macht nur Sinn, wenn man sie auf etwas beziehen kann, wenn sie relativ angegeben wird. Das Besondere an der Zeit liegt nun darin, daß es Zeit braucht, um eine Zeitangabe zu machen und dieses Ergebnis mit einer anderen Messung oder einem anderen Ereignis zu vergleichen. Beim genauen Nachdenken darüber stellte Einstein fest, daß der Begriff der Gleichzeitigkeit seinen absoluten Sinn verliert, wie wir ihn aus dem alltäglichen Gebrauch kennen. Vor allem wird es für einen bewegten Beobachter unmöglich, sich mit einem relativ zu ihm ruhenden Partner darauf zu einigen, zwei räumlich getrennte Ereignisse wie das Vorrücken eines Uhrzeigers und das Ankommen eines Zuges seien gleichzeitig passiert. Dies hängt nicht zuletzt damit zusammen, daß »bewegte Uhren langsamer gehen«. Mit diesen Worten wird oft der berühmte Effekt der Zeitdilatation beschrieben, auf den vor Einstein schon der von ihm bewunderte Physiker Hendrik Antoon Lorentz hingewiesen hat. Wer sich der Sache genauer annimmt und etwa einen Beobachter in einem Zug mit einem Beobachter auf einem Bahnsteig vergleicht, wird finden, daß beide zu dem Schluß kommen, daß die Zeit für den anderen langsamer vergeht. Um zu diesem Ergebnis zu kommen, muß jeder drei Uhren vergleichen, zwei in seinem System und eine in dem des anderen. Die Zeitdilatation kann somit für beide Beobachter gelten, ohne daß dies die Gültigkeit der Relativität ändert.

Das Phänomen der Zeit wird dadurch kaum erhellt und eher noch weiter undurchsichtig – nicht nur für Laien, sondern auch für Experten. Selbst der oberste Kenner der Zeit – Einstein – hatte seine Probleme damit. Auch er wußte keine Antwort auf die Frage: »Was macht die Zeit, wenn sie vergeht?«

Zwillingsparadoxon

Das Zwillingsparadoxon gehört von Anfang an mit zur Relativitätstheorie, und es hat sowohl für Erstaunen als auch für Verwirrung gesorgt. Das Paradoxon handelt von einem Zwillingspaar, das unterschiedlich alt wird, weil einer von ihnen auf eine kosmische Reise geht, während der andere auf der Erde bleibt. Für ihn vergeht die Zeit zwar ganz normal (also so, wie wir es aus unserem eigenen Leben kennen), aber die Uhren in dem Gefährt des raumfahrenden Zwillings gehen nach der Relativitätstheorie langsamer, was ihn jünger als sein Bruder sein läßt, wenn er zur Erde zurückkehrt. (Statt der traditionellen Zwillinge könnte man auch von zwei Brüdern handeln, von denen der ältere losfliegt, um als der jüngere zurückzukehren.)

Der Effekt der langsamer gehenden Zeit ist im Experiment mit großer Genauigkeit nachgewiesen, etwa durch Atomuhren, von denen eine in einem Jumbo-Jet um die Erde fliegt, während die andere am Flughafen bleibt. Was ist daran so besonders aufregend, daß man von einem Paradoxon spricht?

Ein Paradoxon ist es deshalb, weil wir denken, jeder der Zwillinge empfindet eine »wahre« Zeit, was aber offensichtlich nicht der Fall ist. Verwirrend bleibt, daß die Relativitätstheorie sich hier auf den ersten Blick in einen Widerspruch zu verwickeln scheint. Denn was der erste Zwilling sieht, daß die Uhr des zweiten langsamer geht, muß auch der zweite sehen, daß nämlich die Uhr des ersten langsamer geht. Warum gilt diese Symmetrie nicht?

Die Antwort hängt mit der Tatsache zusammen, daß nur der Zwilling auf der Erde in einem Inertialsystem lebt, womit ein Bezugssystem gemeint ist, in dem ein Körper, der keinem äußeren Einfluß unterworfen ist, seinen Weg mit konstanter Geschwindigkeit und fester Richtung nimmt. Der reisende Zwilling bewegt sich nicht so gleichförmig. Er muß beschleunigen und abbremsen, was ihm die privilegierte Position eines Inertialsystems nimmt. Als Folge davon vergeht nur seine Zeit so langsam, daß er weniger davon verbraucht. Wer also wissen möchte, was nach der Kultur kommt, in der er lebt, und wie die Welt im Jahre 2525 aussieht, sollte sich auf eine möglichst hohe Geschwindigkeit beschleunigen lassen, um erst ins Weltall hinauszufliegen und bei Gelegenheit abzubremsen und zurückzukehren.

ZUR WELT ALS GANZES

Die Welt als Ganzes

In seinem zum ersten Mal 1917 erschienenen Buch *Über die spezielle und die allgemeine Relativitäts-theorie,* das heute in 23. Auflage vorliegt, gibt es einen dritten Teil, der »Betrachtungen über die Welt als Ganzes« überschrieben ist und der auf »die Möglichkeit einer endlichen und doch nicht be-grenzten Welt« hinweisen will. Einstein hat näm-lich gefunden, wie »man an der *Unendlichkeit* des Raumes zweifeln kann, ohne mit den Denkgesetzen in Kollision zu geraten«. Und zwar so:

»Wir denken uns zunächst ein zweidimensionales Geschehen. Flache Geschöpfe mit flachen Werk-zeugen, insbesondere flachen Meßstäbchen seien in einer *Ebene* frei beweglich.« Wenn diese Wesen nur das Geschehen in ihrer Ebene beobachten, werden sie finden, daß ihre ganze Welt eben ist, und damit können wir einen Schritt weitergehen:

»Wir denken uns nun abermals eın zweidimen-sionales Geschehen, aber nicht auf einer Ebene, sondern auf einer Kugelfläche. Was passiert, wenn die flachen Geschöpfe mit ihren Maßstäben »... ge-nau in dieser Fläche«, die sie nicht verlassen können, den Versuch unternehmen, »eine Gerade zu realisieren«? Können sie das?

Die Antwort lautet nein, denn – so Einstein –, bei dem Bemühen würden sie »eine Kurve erhalten, welche wir ›Dreidimensionalen‹ als größten Kreis bezeichnen, also eine in sich geschlossene Linie von bestimmter endlicher Länge, die sich mit einem Stäbchen ausmessen läßt«.

»Der große Reiz, den die Versenkung in diese Überlegung bereitet«, besteht für Einstein in der Erkenntnis, die er kursiv setzen läßt: *Die Welt dieser Wesen ist endlich und hat doch keine Grenzen.*«

Nun gibt es zu der eben geschilderten zweidimensionalen Kugelwelt ein Analogon im Raum unserer Erfahrung. Der Mathematiker Bernhard Riemann hat im 19. Jahrhundert die Geometrie für den entsprechenden dreidimensionalen Kugelraum entworfen, in dem wir so stecken, wie die Zweidimensionalen auf ihrer Oberfläche. Damit kann Einstein die uralte Frage, ob wir in einer endlichen oder einer unendlichen Welt leben, auf höchst elegante und zugleich äußerst befriedigende Weise beantworten. Der Raum, in dem wir leben, ist endlich, ohne Grenzen zu haben.

Äther

Zu den Standardsätzen über Einsteins Physik gehört der Hinweis, daß er den Äther abgeschafft habe. Mit diesem antik klingenden Ausdruck meinten die Physiker das Medium, mit dem die ganze Welt erfüllt ist und in dem sich Licht ausbreitet. Vor Einstein waren sie davon überzeugt, daß Licht aus Wellen besteht, und so wie Schallwellen Luft brauchen, um schwingen zu können, brauchte das Licht den Äther, um getragen zu werden. Die Idee solch einer den Raum ausmachenden Substanz findet sich schon in der Antike, die damit die Leere vermeiden wollte, und überhaupt scheint der Äther mehr etwas Archetypisches zu sein, das unbedingt zum Denken gehört, und weniger etwas Empirisches, auf das sich mit einem Finger zeigen läßt.

Wie dem auch sei – die Physiker vor Einstein stellten sich den Äther als etwas vor, das dem Weltraum einen mechanischen Spannungszustand verlieh, mit dessen Hilfe sich Lichtwellen ausbreiten konnten. Nach Einstein blieb der Spannungszustand erhalten, nur paßte das Beiwort mechanisch nicht mehr. In einer Rede mit dem Titel »Äther und Relativitätstheorie«, die er am 5. Mai 1920 im holländischen Leiden gehalten hat, sagt Einstein ausdrücklich:

»Der Äther der [A]llgemeinen Relativitätstheorie ist ein Medium, welches selbst aller mechanischen und kinematischen Eigenschaften bar ist, aber das mechanische (und elektromagnetische) Geschehen mitbestimmt.« Der Raum selbst ist in diesem Sinne der Äther, den Einsteins Allgemeine Relativitätstheorie mit physikalischen Qualitäten ausstattet.

Man kann auch sagen: Einstein setzte an die Stelle des durchdringenden Äthers ein kontinuierliches Feld, das Schwerefeld der Erde, auch als Gravitationsfeld bekannt. Seine Allgemeine Relativitätstheorie ist – technisch gesprochen – eine Feldtheorie, die sich durch ihre Lückenlosigkeit auszeichnet. In ihr tauchen keine abrupten Übergänge auf, also auch nicht die Quanten mit ihren Sprüngen, die er vielleicht auch deshalb nicht leiden konnte. Es gehört zu den bestgehüteten Geheimnissen der modernen Physik, daß sich die Feldtheorie und die Quantentheorie bis heute unvereint und unversöhnlich gegenüberstehen.

Kosmologische Konstante

Wie die meisten seiner Vorgänger und auch die überwiegender Zahl seiner Zeitgenossen ging Einstein von der Vorstellung aus, daß wir in einem Universum leben, das keine Entwicklung kennt und durchgängig unveränderlich bleibt. Als Mathematiker dann feststellten, daß die Allgemeine Relativitätstheorie in ihrer ursprünglichen Form keine Lösung kennt, die so statisch bleibt, wie allgemein gedacht wurde, fügte Einstein seinen Gleichungen einen konstanten Term hinzu, um diese Diskrepanz zu korrigieren. Diese Hinzufügung ist als seine kosmologische Konstante bekannt. Physikalisch kann man sich darunter so etwas wie eine Druckkraft vorstellen, durch die Massen abgestoßen werden. Auf diese Weise wird die Anziehungskraft der Gravitation kompensiert, und das Universum befindet sich im Gleichgewicht, so wie sich Einstein das wünschte.

Doch inzwischen sehen die Physiker die Welt mit anderen Augen. Der Kosmos unterliegt einer Entwicklung, woraus aber nicht folgt, daß die kosmologische Konstante ihren ursprünglichen Wert – nämlich Null – zurückbekommt. Im Gegenteil! Nach dem derzeitigen Stand der Erkenntnis besitzt die Konstante nicht nur einen ganz erheblichen Wert, sie ist sogar für den überwiegenden Teil der Energiedichte verantwortlich, die den kosmischen Körpern ihre Dynamik verleiht. Mit anderen Worten,

Einstein erläutert in den USA seine Allgemeine Relativitätstheorie.

was im Universum wirklich den Ausschlag gibt, ist nicht die Schwerkraft der Materie, die uns vertraut ist, sondern eine unbekannte Energie, deren Ursprung rätselhaft bleibt. Sie steckt nur als Möglichkeit in den Grundgleichungen, die Einstein in den Zeiten des Ersten Weltkriegs gefunden hat.

ZUM LICHT

Frühes Licht

Wer will, kann Einsteins Leben und Leistung allein im Lichte von Licht sehen und darstellen.

Zum einen bestand seine frühe revolutionäre Tat in der Einsicht, daß die Frage nach der Natur des Lichts keine eindeutige Antwort kennt. Sie muß sowohl von Wellen als auch von Teilchen handeln, wenn man nicht nur die Ausbreitung von Strahlung, sondern auch das Zusammentreffen des Lichts mit Atomen erfassen will (für diese Einsicht in die Dualität hat er den Nobelpreis für Physik bekommen).

Zum zweiten gelangte Einstein zu Weltruhm, als sich zeigte, daß der Weg eines Lichtstrahls exakt so durch die Sonne gekrümmt wird, wie er zuvor in seiner Allgemeinen Relativitätstheorie ausgerechnet hatte.

Ein dritter Gesichtspunkt steckt in der fünften Arbeit des Wunderjahres, mit der die berühmte Formel $E = mc^2$ in die Welt gekommen ist, deren Kern Einstein einmal durch den Satz ausgedrückt hat: »Masse und Energie sind wesensgleich.« Wenn aber die Masse eines Körpers ein direktes Maß für die in ihm enthaltene Energie ist, dann heißt das – in Einsteins Worten –, »das Licht überträgt Masse«.

Als ihm diese Einsicht kommt, kommentiert er sie mit den Worten: »Die Überlegung ist lustig und bestechend; aber ob der Herrgott nicht darüber lacht und mich an der Nase herumgeführt hat, das kann ich nicht wissen«.

Vielleicht ist Physik leichter, als man denkt (Cartoon von S. Harris).

Spätes Licht

Das Licht spielt später erneut eine Rolle in Einsteins Leben. 1929 stellen amerikanische Astronomen zu ihrer großen Überraschung fest, daß die Wellenlänge der von Sternen ausgehenden Strahlung zum roten (langwelligen) Ende hin verschoben wird, wenn ihr Abstand von der Erde zunimmt. Zum Glück konnten Einsteins Gleichungen die inzwischen als Rotverschiebung bekannte Beobachtung sofort erklären. Sie zeigen nämlich ein Universum, das sich ausdehnt (expandiert). Die Sterne, die wir sehen, sind also von uns wegflüchtende Objekte, und das von ihnen ausgesandte Licht verändert seine Wellenlänge so, wie es die Töne von hupenden Autos tun, die an einem Fußgänger vorbeirasen.

Davor gab es noch einen weiteren Fortschritt bei der theoretischen Beschäftigung mit dem Licht, als sich Einstein der Frage zuwandte: »Wie senden Sterne Licht aus?«, die genauer gestellt lautet: »Wie senden die Atome der Sterne Licht aus?« Einstein antwortet darauf im Jahre 1916, als ihm »ein prächtiges Licht aufgeht«, wie er damals schreibt. Ihm gelingt nämlich die »verblüffend einfache Ableitung« eines Gesetzes, das die Lichtaussendung (die Emission) von festen Körpern regelt. Einstein unterscheidet in seiner Arbeit mit dem Titel »Strahlungsemission und Absorption nach der Quantentheorie« zwischen spontaner und stimulierter Emission von Licht und sorgt auf diese Weise für die theoretische Grundlage des Lasers, der Anfang der 1960er Jahre technische Wirklichkeit wird und inzwischen in fast jedem Wohnzimmer vorhanden ist – etwa in einem CD-Player.

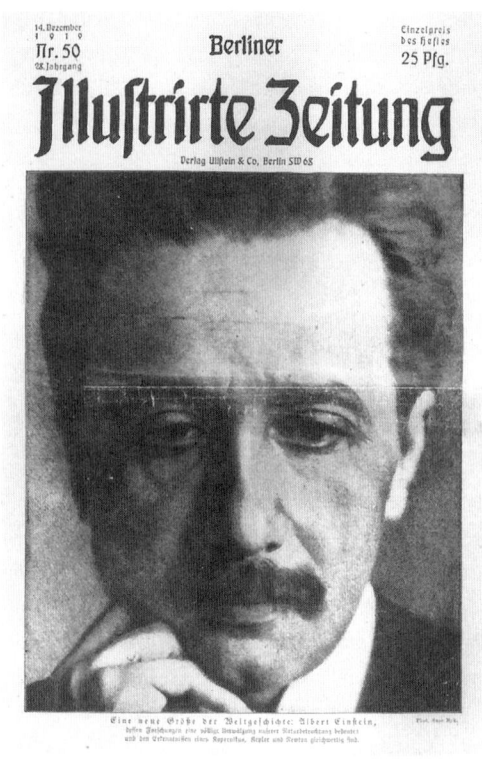

Einstein auf der Titelseite der *Berliner Illustrirten Zeitung* im Dezember 1919.

Lichtgeschwindigkeit

»Die Lichtgeschwindigkeit ist konstant.« So lautet (vielleicht etwas zu knapp) einer der merkwürdigen Ausgangspunkte für die (Spezielle) Relativitätstheorie. Für das Licht gilt also nicht, was der gesunde Menschenverstand für selbstverständlich hält: Wer sich in einem Zug, der mit 100 km/h unterwegs ist, mit 5 km/h zum Speisewagen begibt, wird von außen gesehen beim Hinweg in Fahrtrichtung eine Geschwindigkeit von 105 km/h und bei der Rückkehr ein Tempo von 95 km/h haben. So denkt man, aber so stimmt es nicht, wenn man es ganz genau nimmt. Wer bei dem Weg eine Taschenlampe benutzt und die Geschwindigkeit des austretenden Lichtstrahls mißt, wird feststellen, daß sie in beide Richtungen konstant ist, wobei spätestens an dieser Stelle festzuhalten ist, daß wir hier von einer Größenordnung reden, die nichts mit dem Alltag zu tun hat, nämlich von rund 300 000 km/sec!

Es war Einstein nicht entgangen, wie verwirrend die Feststellung von der Konstanz der Lichtgeschwindigkeit trotzdem wirken mußte, aber er hielt an ihr aus drei Gründen fest: Zum einen konnte man sie im Experiment prüfen (was inzwischen vielfach glänzend gelungen ist). Zum zweiten kannten er und seine Zeitgenossen eine auf den Holländer H. A. Lorentz zurückgehende Formel (die Lorentz-Transformation), die es gestattete, die Addition der Geschwindigkeiten so vorzunehmen, daß sie sowohl den (gemütlichen) Fußgänger im Zug schneller und langsamer machte als auch das (rasende) Licht konstant hielt. Und zum dritten brachte die Konstanz der Lichtgeschwindigkeit die Möglichkeit, einen Widerspruch aufzulösen und die Physik symmetrisch zu machen. Der Widerspruch bestand zwischen den beiden großen Theorien der Physik, von denen eine die mechanischen und die andere die elektromagnetischen Kräfte behandelte. Die Gleichungen der elektrischen und magnetischen Felder galten den Physikern vor Einsteins fast als Heiligtum, auf jeden Fall als ein Wunderwerk. In ihnen tauchte eine Konstante auf, die Einstein als Lichtgeschwindigkeit identifizierte. Seine Aufgabe bestand darin, dieselbe Größe in die Mechanik einzuschleusen. Mit der »Elektrodynamik bewegter Körper« aus dem *Annus mirabilis* von 1905 ist es ihm gelungen.

Lichtablenkung

Licht breitet sich gradlinig aus – so denkt man. Lichtstrahlen laufen auf geraden Linien – so dachte man, bis Einstein kam. Seit seinen Tagen muß man unterscheiden: Licht breitet sich dann gradlinig im Raum aus, wenn er leer ist, was konkret bedeutet, wenn sich dort kein Körper mit seiner Masse befindet. Zu den merkwürdigsten Ergebnissen der (Allgemeinen) Relativitätstheorie gehört die Erkenntnis, daß Materie und Raum nicht unabhängig voneinander sind, sondern sich gegenseitig beeinflussen. Konkret gesagt: Die Geometrie des Raums ändert sich, wenn Masse auftaucht. Sie krümmt ihn, wie es eine Kugel mit der Matratze tut, auf die man sie legt. Die Sonne ist solch eine Kugel, und das Licht, das an ihr vorbeiläuft und das Auge eines Beobachters auf der Erde erreicht, hat einen anderen Weg zurückgelegt als das Licht, das sich weit entfernt von allen Gestirnen gehalten hat. Das heißt auch umgekehrt, daß man einen Stern an unterschiedlichen Positionen findet, wenn man den Blick einmal an der Sonne vorbeistreichen läßt und ein andermal ihre Nähe meidet. Das klingt zwar absurd, gehört aber zu den Behauptungen von Einsteins Relativitätstheorie, die sogar quantitativ überprüfbar waren. Man mußte auf eine Sonnenfinsternis warten, um die nötigen Messungen vornehmen zu können. Sie zeigten 1919, daß die Sterne tatsächlich nicht da sind, wo wir sie vermuten, wenn wir an der Sonne vorbeischauen, und mit diesem Ergebnis begann Einsteins Weltruhm.

Leider ist die Sache damit nicht ganz abgetan. Die Richtigkeit von Einsteins Theorie bleibt zwar unbestritten, und die Ablenkung des Lichts durch die Sonne passiert tatsächlich genau so, wie er es vorhergesagt hat. Doch haben Analysen von Wissenschaftshistorikern inzwischen nachweisen können, daß die Ergebnisse der (von Engländern durchgeführten) Experimente von 1919 für diesen Nachweis nicht tauglich waren und sogar gefälscht worden sind. Wenn das seine (deutschen) Gegner gewußt hätten, die sich 1920 massenhaft in der Berliner Philharmonie versammelten, um gegen die Relativitätstheorie zu protestieren, der sie das Etikett »jüdisch« anhängen zu müssen meinten.

QUANTEN UND ATOME

QUANTEN

In der ersten Arbeit aus dem Wunderjahr 1905 geht es um Quanten, und für sie ist Einstein mit dem Nobelpreis ausgezeichnet worden. Seine Überlegungen behandeln dabei »die Erzeugung und Umwandlung des Lichts«, was im konkreten Detail heißt, daß Einstein zu erklären versucht, warum die Energie, die von Licht auf Elektronen übertragen wird, von der Frequenz des Lichtes und nicht von seiner Intensität abhängt, wie jedermann erwartete. Einsteins Idee besteht darin, die jahrhundertealte Auffassung, Licht breite sich kontinuierlich als Welle aus, durch die Annahme zu ergänzen, die Energie des Lichts bestehe aus »in Raumpunkten lokalisierten Energiequanten, welche sich bewegen, ohne sich zu teilen«, und die sich dadurch auszeichnen, daß sie »nur als Ganzes absorbiert und erzeugt werden können«.

Diese Worte sind als der »revolutionärste« Satz bezeichnet worden, der je von einem Physiker des 20. Jahrhunderts zu Papier gebracht wurde, wobei das starke Attribut von Einstein selbst stammt. Die Idee von Quanten als einem unstetigen Element war 1900 von Max Planck in die Physik eingeführt worden, aber nur als eine mathematische Hilfsgröße, die man am Ende aus der Beschreibung der Naturgesetze entfernen wollte. Einstein gab Plancks Konzept eine physikalische Bedeutung. Er erkannte, daß es die Quanten nicht nur in der Theorie, sondern in Wirklichkeit gibt, wobei zu ergänzen ist, daß ihm diese Einsicht nicht leicht gefallen sein kann. »Es war, wie wenn einem der Boden unter den Füßen weggezogen worden wäre, ohne daß sich irgendwo fester Grund zeigte, auf dem man hätte bauen können«, wie er selbst einmal unter der Überschrift »Autobiographisches« geschrieben hat. Einstein war klar, daß seine Lichtquantenhypothese das Ende der klassischen Physik bedeutete, und es sollte noch Jahrzehnte dauern, bis der Ersatz in Form einer Quantenphysik kam, mit der er sich nie anfreunden konnte.

Quantenmechanik

In der Geschichte der physikalischen Wissenschaften kann zwischen einer Quantentheorie und der Quantenmechanik unterschieden werden. Mit Quantentheorie werden in dem Fall die Bemühungen bezeichnet, die seit Newtons Tagen entwickelte klassische Physik zu erweitern, um Platz für die Quantensprünge von Planck und Einstein aus den Jahren 1900 bzw. 1905 zu schaffen. Wie ihr klassisches Vorbild wollte die Quantentheorie von meßbaren Größen (Impuls, Energie) handeln, und ihre Gleichungen sollten die natürlichen Abläufe festlegen. Doch in der Mitte der 1920er Jahre brach dieses Programm zusammen, und eine völlig neue Theorie – die Quantenmechanik – tauchte aus den Köpfen einiger Physiker auf. Sie operierte mit merkwürdigen mathematischen Größen, die nicht mehr direkt meßbar waren, und ihre Gesetze waren nicht deterministischer, sondern statistischer Art. Wie sich in den folgenden Jahren und Jahrzehnten herausstellte, konnte die Quantenmechanik alle Phänomene im Bereich der Atome höchst genau erklären. Doch das hinderte Einstein nicht, sowohl ihre Allgemeingültigkeit als auch ihre Vollständigkeit in Zweifel zu ziehen. Für ihn konnte die Quantenmechanik »nicht der wahre Jakob« sein. Einstein bestritt nicht die Qualität der Quantenmechanik, aber er vermutete und hoffte, daß sich eines Tages eine noch umfassendere Theorie finden würde, die mit bislang verborgenen Parametern operiert und zeigt, daß das, was jetzt nur statistisch erfaßbar wird und also Zufälligkeiten unterliegt, doch streng kausal bestimmt ist. Einstein preßte seine Abneigung gegen die Quantenmechanik in das berühmte Diktum »Gott würfelt nicht«, das er vor allem in seinen Diskussionen mit dem großen dänischen Physiker Niels Bohr einsetzte.

Einstein im hastigen Gespräch mit Niels Bohr im Jahre 1925; Aufnahme von Paul Ehrenfest.

Einstein und Bohr
im Dialog

»Diskussionen mit Einstein über erkenntnistheoretische Probleme der Atomphysik«. So heißt ein Aufsatz, in dem Niels Bohr darstellt, wie er mit Einstein um die Lektion der Atome gerungen hat, und der Autor dieser Zeilen vertritt die Ansicht, daß kommende Generationen, sofern sie noch Interesse an philosophischen Fragen haben, in dem Dialog dieser beiden Männer nachlesen können, welche Qualität das Denken im 20. Jahrhundert erreichen konnte. Beide hatten allerhöchsten Respekt voreinander, wie sich etwa an der Bemerkung von Einstein ablesen läßt, Bohrs Beiträge zur Physik seien »höchste Musikalität auf dem Gebiet des Gedankens«. Diese Bewunderung hat ihn aber nicht davon abgehalten, die Deutung, die Bohr der Quantenmechanik gab, als »Beruhigungsphilosophie« zu bezeichnen.

Was ist damit gemeint? Die über mehr als zwei Jahrzehnte geführte Debatte handelte unter anderem von der merkwürdigen Rolle, die den Beobachtern bzw. der Beobachtung in der neuen Physik zukam. In der Quantenmechanik bekommt ein Elektron seine Eigenschaften erst durch eine Messung. Mit ihr wird bestimmt, was vorher unbestimmt war. Während Bohr sich auf diese Unbestimmtheit der physikalischen Realität einließ und sie in ein philosophisches Gerüst (mit Namen Komplementarität) einbaute, blieb Einstein der Gedanke unerträglich, daß sich die Natur nicht festlegen ließ. Er dachte sich ein Gedankenexperiment nach dem anderen aus, um zu zeigen, daß die Unbestimmtheit hintergangen werden konnte, aber Bohr konnte sie alle als untauglich entlarven.

Die Hartnäckigkeit, mit der Einstein das Thema verfolgte, hat den Gedanken aufkommen lassen, daß es in der Debatte um mehr als ein Verständnis der Wirklichkeit gegangen ist und ihr eigentliches Thema Gott war, und zwar im Angesicht der neuen Physik, die den Kosmos so gut kannte wie die Atome. Tatsächlich stellt Einsteins stures »Gott würfelt nicht« sein letztes Wort in dem Dialog dar, auf das Bohr noch geantwortet hat. Zum einen, so meint er, könne niemand – nicht einmal Einstein selbst – Gott vorschreiben, wie er mit der Welt umgeht. Und zum zweiten wisse ebenfalls niemand, was ein Wort wie »würfeln« bedeutet, wenn es in Verbindung mit Gott gebraucht wird.

Gedankenexperiment

Einstein ist berühmt geworden für seine Gedanken-experimente. In ihnen stellte er sich konkrete Situationen vor, in denen jemand eine Beobachtung oder Messung vornehmen kann, nur gibt es technische, finanzielle oder prinzipielle Gründe, aus denen heraus das Experiment nicht durchführbar ist. In Einsteins Worten aus dem Jahre 1920, als er sich auf einer Tagung der Gesellschaft Deutscher Naturforscher und Ärzte in Bad Nauheim an einer »Allgemeinen Diskussion über Relativitätstheorie« beteiligte:

»Ein Gedankenexperiment ist ein prinzipiell, wenn auch nicht faktisch durchführbares Experiment. Es dient dazu, wirkliche Erfahrungen übersichtlich zusammenzufassen, um aus ihnen theoretische Folgerungen zu ziehen. Unerlaubt ist ein Gedankenexperiment nur dann, wenn eine Realisierung *prinzipiell* unmöglich ist.«

Als Erfinder der Gedankenexperimente kann Galileo Galilei gelten, der wissen wollte, ob Körper, die unterschiedlich schwer sind, unterschiedlich schnell fallen. Er ist dazu nicht auf den schiefen Turm von Pisa geklettert, sondern hat sich folgendes überlegt: Angenommen, ein schwerer Körper fällt schneller als ein leichter, was passiert, wenn ich beide zusammenbinde? Der neue Körper müßte sowohl langsamer als der schwere als auch schneller als der leichte fallen, woraus nur ein Schluß zu ziehen ist, nämlich der, daß beide Einzelkörper gleich schnell fallen.

Einstein hat sein erstes Gedankenexperiment als 16jähriger unternommen, als er sich überlegte, was passiert, wenn er einem Lichtstrahl mit Lichtgeschwindigkeit nachlaufen würde. Was sieht er dann – vom Licht und der Welt? Berühmt geworden sind seine Gedankenexperimente, in denen eine Kabine im Weltraum unterwegs ist. In ihr befindet sich ein Physiker, der wissen will, ob seine Bewegung durch irgendwelche Raketenantriebe oder durch die Anziehungskraft zustande kommt, die das Schwerefeld eines Himmelskörpers bewirkt. In einer Kabinenwand befindet sich ein Loch, durch das Licht eintreten kann, und der Physiker hat die Möglichkeit, mit höchster Genauigkeit die Stelle zu ermitteln, an der es die gegenüberliegende Wand erreicht.

In einem großen Gedankenexperiment wollte Einstein 1935 gemeinsam mit dem Russen Boris Podolsky und dem Amerikaner Nathan Rosen zeigen, daß die Quantenmechanik unvollständig ist. Ein halbes Jahrhundert später haben es theoretische und technische Fortschritte der Physik ermöglicht, das EPR-Experiment tatsächlich durchzuführen. Das Ergebnis hätte Einstein nicht gefallen. Es zeigt, daß die Wirklichkeit anders ist, als er es sich vorstellte bzw. wünschte.

EPR-Korrelationen
(Verschränktheit)

1935 dachte sich Einstein mit seinen Kollegen Podolsky und Rosen einen Versuch aus, in dem eine physikalische Größe auftaucht, die in der Wirklichkeit offenbar bestimmt ist, von der die Quantenmechanik aber behauptet, daß sie unbestimmt ist. In dem heute durchführbaren Versuch wird aus Kalzium ein Gas bereitet, von dem aus sich einzelne Atome auf eine Kammer zubewegen. Bevor die Kalziumatome dort ankommen, werden sie von einem Laserstrahl aktiviert. In diesem angeregten Zustand treffen sie in der Kammer ein. Hier verlieren sie diese Energie blitzartig wieder, indem sie zwei Lichtquanten in entgegengesetzte Richtungen aussenden.

Wenn nun eines der beiden Lichtteilchen in einem Meßgerät registriert wird, kennt man auch – aufgrund von physikalischen Erhaltungssätzen – den Zustand des anderen. Sein Zustand – so die EPR-Argumentation – ist also nicht unbestimmt, selbst wenn keine Beobachtung erfolgt. Er kann sogar mit Sicherheit vorhergesagt werden und stellt also »ein Element der Wirklichkeit« dar. Dies ist aber in der Quantenmechanik nicht enthalten, und damit scheint Bohrs Behauptung als falsch erkannt zu sein, daß ein Zustand so lange unbestimmt ist, solange er nicht registriert worden ist.

Nach Jahrzehnten des Denkens und Messens stellt sich allerdings heraus, daß Einsteins einleuchtende Gedankenführung nicht zutrifft. Das nicht beobachtete Teilchen wird doch durch die Messung seines Gegenstücks beeinflußt. Die Quantenmechanik bringt es nämlich mit, daß sich Objekte wie die erwähnten Lichtquanten, die einmal in physikalischer Wechselwirkung gestanden haben, miteinander korreliert bleiben, auch wenn keine direkte (physikalische) Verknüpfung mehr zwischen ihnen besteht. Die Physiker sprechen davon, daß die Quantenwelt »verschränkt« ist, und sie halten diese Verschränkung für das eigentliche Charakteristikum der Quantenmechanik. Sie zeigt eine Welt, die nur als Ganzes existiert, obwohl wir dauernd von ihren Teilen oder Teilchen reden.

Bose-Einstein-Kondensation

In den letzten Jahren ist in der Physik viel von Bose-Einstein-Kondensationen die Rede gewesen, deren Entdeckung mit dem Nobelpreis ausgezeichnet worden ist. Bose ist der Name eines indischen Physikers, von dem Einstein 1924 ein Manuskript bekam. In ihm behandelte Bose Licht wie ein Gas, das sich aus den Lichtquanten zusammensetzte, die Einstein 1905 entdeckt hatte. Zwar konnte Bose in seiner Arbeit unter dieser Vorgabe ausrechnen, wie leuchtende Körper ihre Strahlen aussenden, aber Einstein fiel auf, daß Bose gar nicht gemerkt hatte, welch hohen Preis er dafür zu zahlen hatte. Seine Physik funktioniert nämlich nur unter der Annahme, daß Lichtteilchen ihre Identität aufgeben. Zwischen ihnen gibt es eine »gegenseitige Beeinflussung von vorläufig ganz rätselhafter Art«, wie Einstein damals schrieb. Sie führt überhaupt erst zu der Möglichkeit, daß sich immense Mengen von Lichtquanten kollektiv in einem Lichtstrahl zusammenfinden können, der unseren Augen zugänglich wird und die Welt erhellt. Inzwischen hat man andere Systeme gefunden, in denen einzelne Atome ihre Individualität aufgeben, um einen kollektiven Klumpen zu bilden, der als Bose-Einstein-Kondensat bekannt ist. Was Einstein sich da ausgedacht hat, ist also Wirklichkeit geworden, auch wenn es ihn mehr wundern als freuen würde.

Berechnungen von Einstein aus dem Jahre 1950,
mit denen er (vergeblich) eine einheitliche Feldtheorie
anstrebte.

ETWAS MEHR PHYSIK

Einheitliche Feldtheorie

Zu den unerfüllt gebliebenen Hoffnungen von Einstein gehört der Traum, der Physik eine einheitliche Feldtheorie schenken zu können. Was ist damit gemeint?

Die moderne Physik erfaßt Kräfte durch Felder – die Schwerkraft durch ein Schwerefeld, die elektrische Anziehung oder Abstoßung durch elektrische Felder und magnetische Wirkungen durch Magnetfelder. Sie versucht dafür (mathematisch formulierte) Feldtheorien aufzustellen und hat im Laufe der Geschichte gelernt, daß sich einzelne Beschreibungen zu einer Einheit zusammenfügen lassen. Das elektrische und das magnetische Feld konnten in einer elektromagnetischen Feldtheorie vereinheitlicht werden, und Einstein versuchte sein Lieblingskind, die Gravitation, mit einzubinden. Wie fast alle mathematischen Beschreibungen der physikalischen Realität bestehen Theorien aus Gleichungen, deren Lösung gesucht werden muß, wobei sie im Fall der Feldgleichungen schon bekannt sind. Es sind die Teilchen, von denen die Wirklichkeit wimmelt, also die Lichtquanten im Fall des elektromagnetischen Feldes, und die jeweils aufgestellte Feldtheorie muß immer zeigen, daß sie mit der Existenz der Atome und Quanten verträglich ist.

Eine einheitliche Feldtheorie würde in der Lage sein, alle physikalischen Phänomene aus dem einen Feld abzuleiten, das bei der Zusammenführung aller bekannten Felder entstanden ist. Insgesamt kennt die Physik neben dem Gravitations- und dem elektromagnetischen Feld, die überall im Universum zu finden sind, noch zwei Felder, die sich nur im Inneren von Atomen finden lassen und sich unterschiedlich stark und schwach auswirken. Es ist zwar in den Jahrzehnten nach Einstein gelungen, das elektromagnetische und das schwache Feld zu einem elektroschwachen Gebilde zu vereinen, aber der Traum von einer einheitlichen Feldtheorie – manchmal auch TOE (Theory of Everything) genannt – bleibt, was er zu Einsteins Zeiten war – ein Traum.

Teetassenphänomen

Einstein ist immer für Überraschungen gut. In dem Jahr (1926), in dem die Quantenmechanik ihre bis heute gültige Form bekommen hat, denkt Einstein über etwas völlig anderes nach, nämlich über die »Ursache der Mäanderbildung der Flußläufe«. Der entsprechende Aufsatz findet sich vor einer philosophischen Betrachtung »Über wissenschaftliche Wahrheit« in dem Band *Mein Weltbild*.

Wenn für den Schulunterricht ein Text gesucht wird, mit dem die Neugierde von Schülerinnen und Schülern sowohl auf Beobachtungen von Phänomenen, die zur eigenen Erlebniswelt zu Hause und in der Natur gehören, als auch an ihrer eleganten Erklärbarkeit geweckt werden soll, dann haben wir ihn mit der »Ursache der Mäanderbildung der Flußläufe« gefunden.

Einstein beginnt seine Ursachenforschung mit zwei bekannten Tendenzen, nämlich zum einen der von Wasserläufen, »sich in Schlangenlinien zu krümmen, statt der Richtung des größten Gefälles des Geländes zu folgen«, und zum zweiten der von Flüssen, auf der Nordhälfte der Erde »vorwiegend auf der rechten Seite zu erodieren«.

Er stellt weiter fest, daß die bisherigen Erklärungen der Fachleute zu kurz greifen, um dann das große Problem durch ein kleines Experiment in Angriff zu nehmen, »das jeder leicht wiederholen kann: Es liege«, so Einstein, »eine mit Tee gefüllte Tasse mit flachem Boden vor. Am Boden sollen sich einige Teeblättchen befinden«, mit denen nun folgendes passiert:

»Versetzt man die Flüssigkeit mit einem Löffel in Rotation, so sammeln sich die Teeblättchen alsbald in der Mitte des Bodens der Tasse.« Man spricht dabei vom »Teetassenphänomen«, und Einstein erläutert im folgenden den Grund für diese Erscheinung, um im Anschluß daran die Ursache der Mäanderbildung zu erklären.

Wie er von der kleinen Teetasse ausgehend mit hübschen Zeichnungen auf wenigen Seiten die ganze Welt physikalisch erfaßt und dies zudem mit Formulierungen macht, die alle verstehen können und begeistern müssen – dies gehört zu den Kabinettstückchen, die sich niemand entgehen lassen sollte. »Einstein at his best«, würde man in der Marketingabteilung sagen.

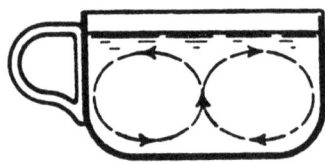

Einsteins Zeichnung einer Teetasse, um zu erklären, wie die Teeblätter sich bewegen.

DIE PHILOSOPHIE DES PHYSIKERS

Der Kant der reinen Vernunft

Einsteins Einsichten reichen weit über die Physik hinaus und in die Philosophie hinein. Sie haben sogar die merkwürdige Fähigkeit, Irrtümer großer Denker aufzudecken, zum Beispiel die berühmten Ideen von Immanuel Kant aus der *Kritik der reinen Vernunft*, Raum und Zeit seien »Anschauungsformen a priori«, was heißen soll, daß sie durch keine Erfahrung (a posteriori) beeinflußt werden. Genau das hatte Einstein aber erreicht. Es war ihm mit Hilfe von Erfahrungen (und Gedankenexperimenten) gelungen, irrtümliche Anschauungen zu korrigieren. Der Raum besaß nicht die Geometrie, die Kant als a priori bestimmt hatte, und die Zeit war auch nicht die absolute Größe, die der Philosoph in ihr sah.

Eigentlich ist im Anschluß an die Entwicklungen der Relativitätstheorie und der Quantenmechanik eine sehr wichtige Aufgabe entstanden, nämlich das Kantsche Grundproblem der Erkenntnistheorie erneut aufzurollen, um noch einmal das zu trennen, was von unserer Erkenntnis aus der Erfahrung und was unserem Denkvermögen entspringt. Nach Einstein und den Naturwissenschaften wird der Teil unseres Denkens, der bei Kant »reine Vernunft« heißt, doch durch die täglichen Erfahrungen geformt (und demnach beschmutzt). Was die Philosophie als a priori einstuft, erweist sich in der Wirklichkeit der Physik als a posteriori.

Doch Einstein rechnete nicht damit, daß die zeitgenössischen Philosophen sich an diese Aufgabe machten. Sie bildeten seiner Ansicht nach eher so etwas wie die selbstzufriedene »Landeskirche der Kantianer«, deren Vertreter nicht die alte Höhe der Vernunft erreichten: »Der Kant«, schrieb er einmal, »ist so eine Landstraße mit vielen, vielen Meilensteinen, und dann kommen die kleinen Hunderln, und jeder deponiert das Seinige an den Meilensteinen«.

Schopenhauers
freier Wille

In der Gesprächsrunde der Akademie Olympia hatte Einstein Spinoza gelesen. Der jüdische Philosoph vertritt in seinen Werken die Auffassung, daß das menschliche Handeln determiniert ist (so wie es Einstein von den Abläufen in der Natur erwartete). Spinoza wörtlich: »Es gibt im Geiste keinen absoluten oder freien Willen; sondern der Geist wird von einer Ursache bestimmt, dieses oder jenes zu wollen.«

In Übereinstimmung mit dieser Ansicht leugnete Einstein die Freiheit des menschlichen Willens. In einem Tondokument, das im Herbst 1932 im Rahmen einer Veranstaltung der Deutschen Liga für Menschenrechte in Berlin aufgenommen worden ist und als sein »Glaubensbekenntnis« bekannt wurde, hört man Einsteins Stimme folgendes sagen:

»Ich glaube nicht an die Freiheit des Willens. Schopenhauers Wort – Der Mensch kann wohl tun, was er will, aber er kann nicht wollen, was er will – begleitet mich in allen Lebenslagen und versöhnt mich mit den Handlungen der Menschen, auch wenn sie mir recht schmerzlich sind.« Und in einem Schreiben an die Spinoza-Gesellschaft in den USA heißt es: »Unser Handeln sei getragen von dem stets lebendigen Bewußtsein, daß die Menschen in ihrem Denken, Fühlen und Tun nicht frei sind, sondern ebenso kausal gebunden wie die Gestirne in ihren Bewegungen.«

Glaubensbekenntnis

Bevor die Nazis in Deutschland an die Macht kamen, fühlte sich Einstein wohl in diesem Land. Er hatte ein schönes Haus in Caputh (also ein ganzes Stück von Berlin entfernt), in dem er Frauen empfangen und von dem aus er leicht zum gemütlichen Segeln gehen konnte. Diese Situation scheint ihn innerlich für sein »Glaubensbekenntnis« aufgeschlossen zu haben, das er im Jahre 1932 auf eine Schallplatte gesprochen hat. Es endet mit folgenden Worten:

»Ich bin zwar im täglichen Leben ein typischer Einspänner, aber das Bewußtsein, der unsichtbaren Gemeinschaft derjenigen anzugehören, die nach Wahrheit, Schönheit und Gerechtigkeit streben, hat das Gefühl der Vereinsamung nie aufkommen lassen.

Das Schönste und Tiefste, was der Mensch erleben kann, ist das Gefühl des Geheimnisvollen. Es liegt der Religion sowie allem tieferen Streben in Kunst und Wissenschaft zugrunde. Wer dies nicht erlebt hat, erscheint mir, wenn nicht wie ein Toter, so doch wie ein Blinder. Zu empfinden, daß hinter dem Erlebbaren ein für unseren Geist Unerreichbares verborgen sei, dessen Schönheit und Erhabenheit uns nur mittelbar und in schwachem Widerschein erreicht, das ist Religiosität. In diesem Sinne bin ich religiös. Es ist mir genug, diese Geheimnisse staunend zu ahnen und zu versuchen, von der erhabenen Struktur des Seienden in Demut ein mattes Abbild geistig zu erfassen.«

Ethik und Moral

Einsteins Ansichten zur Willensfreiheit bzw. seine Leugnung dieses Handlungsspielraums erlauben ihm trotzdem, über moralisches Verhalten und ethische Gründe dafür nachzudenken. In einem Brief aus dem Jahre 1935 an Maurice Siguret schreibt Einstein:

»Wenn ich Sie richtig erfaßt habe, plagt Sie der Konflikt zwischen der rein kausalen Einstellung Spinozas und der Einstellung, die auf aktives Bemühen im Dienste sozialer Gerechtigkeit gerichtet ist. Meiner Meinung nach besteht hier kein wirklicher Konflikt; denn unsere seelischen Spannungen, und zwar nicht nur die Leidenschaften, sondern auch der Drang zur Herbeiführung einer gerechteren Gesellschaftsordnung, gehören zu den Faktoren, die mit allen anderen zusammen an der Kausalität teilhaben. Es bedeutet keine Inkonsequenz, wenn wir jene Seelenzustände mit der Idee von Zweck und Sinn verbinden. Die Überzeugung, daß die menschliche Existenz zeitlich begrenzt sei im Gegensatz zum allgemeinen kosmischen Geschehen, ändert nichts daran, daß wir unserer Natur nach zielsuchend handeln müssen.«

Der Gott Spinozas

Einstein hat nie an einem Gottesdienst teilgenommen, seinen Söhnen den Religionsunterricht verweigert und bis zu seinem Tode an seiner Konfessionslosigkeit festgehalten. Er hat immer betont, daß seine wissenschaftlichen Theorien mit jeder Weltanschauung verträglich seien, daneben aber auch gewußt, daß »Wissenschaft ohne Religion lahm, Religion ohne Wissenschaft blind« ist.

Am liebsten hätte Einstein Gott aus dem Spiel gehalten, aber die Verhältnisse haben es nicht zugelassen. Im Frühjahr 1929 hat ein amerikanischer Kardinal seine Gemeinde vor dem Studium der Relativitätstheorie gewarnt, da sie Gott und die Schöpfung bezweifle und gottlose Gedanken in ihr stecken würden. Dies brachte den Oberrabbiner von New York dazu, Einstein folgendes Telegramm zu schicken:

»Glauben Sie an Gott? Stopp. Bezahlte Antwort 50 Worte.«

Einsteins Antwort ist berühmt geworden. Er telegraphierte folgenden Text:

»Ich glaube an Spinozas Gott, der sich in der gesetzlichen Harmonie des Seienden offenbart, nicht an einen Gott, der sich mit den Schicksalen und Handlungen der Menschen abgibt.«

So versteht man auch, warum Einstein sich zwar als religiös betrachtete, sich aber keiner Religionsgemeinschaft angeschlossen hat.

Gott und Götter

Friedrich Dürrenmatt hat einmal den Verdacht geäußert, daß Einstein unter der Hand als Theologe tätig gewesen sei. Den Eindruck kann man durchaus bekommen, wenn man nachzählt, wie oft Einstein sich über Gott geäußert hat. Den Grund für diese Ausflüge in religiöse Sphären hat er einmal so beschrieben:

»Was mich eigentlich interessiert, ist, ob Gott die Welt hätte anders machen können; das heißt, ob die Forderung der logischen Einfachheit überhaupt eine Freiheit läßt.«

Und bei anderer Gelegenheit hat er geäußert:

»Ich möchte nichts als meine Ruhe haben und wissen, wie Gott die Welt erschaffen hat. Seine Gedanken sind es, die mich beschäftigen.«

Einsteins vertritt explizit die Idee einer verständlichen Welt, in der Gott die Gesetze so versteckt hat, wie es Eltern mit Ostereiern im Garten machen. Und so wie sie ihren Kindern beim Suchen zuschauen, betrachten die Götter wohlwollend und amüsiert ihre Menschenschar beim emsigen Forschen. Kein Wunder, daß Einstein der Meinung war, sich als Wissenschaftler ein Leben lang als Kind fühlen zu können. Diese Freiheit nahm er sich. An eine andere glaubte er nicht.

Das typische Bild, das bei der Explosion einer Atombombe entsteht. Die winzigen Schiffe sind unbemannt.

ZUR ATOM-
BOMBE

Atombombe

Am 6. August 1945 wurde auf die japanische Stadt Hiroshima eine Atombombe der Art abgeworfen, deren Bau Einstein sechs Jahre zuvor empfohlen hatte. Als er in seinem Feriendomizil in den Adirondack Mountains davon erfuhr, sagte er: »O weh. Und das war's«. So erzählt es jedenfalls seine Sekretärin Helen Dukas, und man kann ihr wohl glauben.

Einstein hat aus zwei Gründen mit der Atombombe zu tun. Zum einen macht seine Einsicht in die Äquivalenz von Energie und Masse den Gedanken an solch eine Konstruktion überhaupt erst möglich. Seine Grundlage findet sich in der fünften Arbeit aus dem Wunderjahr, wobei zu beachten ist, daß Einstein mehr an die Masse (Trägheit) und weniger an die Energie dachte. Die Idee zu einer Atombombe hatte als erster der englische Dichter H.G. Wells, der die neue Waffe 1913 in einem Roman *(The World Set Free)* einsetzt, um auf der Welt Platz für neue Städte zu schaffen. Die Physiker wissen davon nichts, bis 1938 in Berlin entdeckt wird, daß sich mit Hilfe von Neutronen Uran-

Ein gestelltes Bild: Einstein und Szilard tun so, als ob sie den Brief an Roosevelt schreiben. Der ist längst fertig.

kerne spalten lassen und dabei soviel Energie frei wird, wie Einstein berechnet hat. Es besteht sogar die Möglichkeit, in dem Uran durch eine Kettenreaktion immer neue Kernspaltungen durchzuführen, bis dabei ausreichend viel Masse in Energie verwandelt wird, so daß die Folgen verheerend sein können.

Als der Zweite Weltkrieg beginnt, ist der Weg, wie sich Atombomben bauen lassen, im Prinzip offen, und Einstein befürchtet, daß die deutschen Wissenschaftler nicht zögern werden, ihre Kenntnisse dem verbrecherischen Nazi-Staat zur Verfügung zu stellen. Er entschließt sich, den amerikanischen Präsidenten zu warnen, und schreibt ihm einen Brief. So bekommt er zum zweiten Mal mit der Bombe zu tun – diesmal als besorgter Bürger aus Angst vor den Deutschen.

Der Brief an Roosevelt

Die Kurzformel, Einstein habe Präsident Roosevelt empfohlen, Atomwaffen zu entwickeln, ist vielleicht nicht ganz korrekt. In dem berühmten Brief vom August 1939 erwähnt Einstein Uranvorräte in Belgien und rät dazu, sie nicht den Deutschen in die Hände fallen zu lassen. Und er drückt seine Überzeugung aus, daß es sinnvoll sei, die technische Nutzung von Kernenergie zu erforschen, und zwar in großem Stil. Geschrieben hat Einstein den Brief zusammen mit dem umtriebigen ungarischen Physiker Leo Szilard, der schon über die Möglichkeiten der Energiegewinnung aus Atomen mittels einer Kettenreaktion nachgedacht hatte, als die Kernspaltung noch gar nicht entdeckt war. Szilard und Einstein kannten sich von Berlin her, wo beide sich gemeinsam an einem Kühlschrankpatent versucht hatten. 1939 trafen sich die beiden auf Long Island, wo Einstein den Sommer verbrachte. Satz für Satz wurde der Brief formuliert, der genau zwei Schreibmaschinenseiten lang ist und von Einstein allein unterschrieben wurde.

Allerdings tauchte ein neues Problem auf, nachdem der Text fertig war. Wie konnte man dafür sorgen, daß der Brief tatsächlich bei Roosevelt landete und von ihm gelesen wurde? Der normale Postweg kam nicht in Frage, und so suchten die beiden Physiker einen Überbringer. Ihre Wahl fiel auf den Bankier Alexander Sachs, der Roosevelt gut kannte und von ihm geschätzt wurde. Es dauerte zwar etwas, bis Sachs einen Termin bei seinem Präsidenten erhielt, aber am 11. Oktober 1939 war es so weit, und Roosevelt erfuhr, wie leicht es sei, »außerordentlich gefährliche Bomben« zu bauen. Einen Tag später ernannte der Präsident ein »Advisory Committee on Uranium«. Die Bombe war damit auf ihren Weg gebracht.

Einstein im Gespräch mit Oppenheimer im Jahre 1947.

Einstein an Roosevelt

Aus Einsteins Brief an Roosevelt vom 2. August 1939: »Einige mir im Manuskript vorliegende neue Arbeiten von E. Fermi und L. Szilard lassen mich annehmen, daß das Element Uran in eine neue wichtige Energiequelle verwandelt werden könnte. [...] Im Laufe der letzten vier Monate wurde [...] die Möglichkeit geschaffen, in einer großen Uranmenge atomare Kettenreaktionen zu erzeugen, wodurch gewaltige Energiemengen [...] ausgelöst würden.

Das neue Phänomen würde auch zum Bau von Bomben führen, und es ist denkbar – obwohl weniger sicher –, daß auf diesem Wege neuartige Bomben von höchster Detonationsgewalt hergestellt werden können. Eine einzige Bombe dieser Art, auf einem Schiff befördert oder in einem Hafen explodiert, könnte unter Umständen den ganzen Hafen und Teile der umliegenden Gebiete völlig vernichten. Möglicherweise würden solche Bomben infolge ihres Gewichts den Transport auf dem Luftweg ausschließen. [...]

In Hinblick auf diese Situation mögen Sie es für wünschenswert erachten, daß ein ständiger Kontakt zwischen der Regierung und der Gruppe von Physikern in Amerika hergestellt wird, die an dem Zustandekommen der Kettenreaktion arbeiten. [...]

Ihr sehr ergebener Albert Einstein«.

```
                                    Albert Einstein
                                    Old Grove Rd.
                                    Nassau Point
                                    Peconic, Long Island

                                    August 2nd, 1939

F.D. Roosevelt,
President of the United States,
White House
Washington, D.C.


Sir:

        Some recent work by E.Fermi and L. Szilard, which has been com-
municated to me in manuscript, leads me to expect that the element uran-
ium may be turned into a new and important source of energy in the im-
mediate future. Certain aspects of the situation which has arisen seem
to call for watchfulness and, if necessary, quick action on the part
of the Administration. I believe therefore that it is my duty to bring
to your attention the following facts and recommendations:

        In the course of the last four months it has been made probable -
through the work of Joliot in France as well as Fermi and Szilard in
America - that it may become possible to set up a nuclear chain reaction
in a large mass of uranium,by which vast amounts of power and large quant-
ities of new radium-like elements would be generated. Now it appears
almost certain that this could be achieved in the immediate future.

        This new phenomenon would also lead to the construction of bombs,
and it is conceivable - though much less certain - that extremely power-
ful bombs of a new type may thus be constructed. A single bomb of this
type, carried by boat and exploded in a port, might very well destroy
the whole port together with some of the surrounding territory. However,
such bombs might very well prove to be too heavy for transportation by
air.
```

Der Brief traf erst zwei Monate später beim amerikanischen Präsidenten ein – also nach dem Beginn des Zweiten Weltkriegs.

Roosevelt an Einstein

Roosevelt antwortete Einstein am 19. Oktober 1939:
    »Lieber Herr Professor! [...]
    Ich habe einen Ausschuß ins Leben gerufen, be-
stehend aus dem Chef des Bureau of Standards und

The United States has only very poor ores of uranium in moderate quantities. There is some good ore in Canada and the former Czechoslovakia, while the most important source of uranium is Belgian Congo.

In view of this situation you may think it desirable to have some permanent contact maintained between the Administration and the group of physicists working on chain reactions in America. One possible way of achieving this might be for you to entrust with this task a person who has your confidence and who could perhaps serve in an inofficial capacity. His task might comprise the following:

a) to approach Government Departments, keep them informed of the further development, and put forward recommendations for Government action, giving particular attention to the problem of securing a supply of uranium ore for the United States;

b) to speed up the experimental work,which is at present being carried on within the limits of the budgets of University laboratories, by providing funds, if such funds be required, through his contacts with private persons who are willing to make contributions for this cause, and perhaps also by obtaining the co-operation of industrial laboratories which have the necessary equipment.

I understand that Germany has actually stopped the sale of uranium from the Czechoslovakian mines which she has taken over. That she should have taken such early action might perhaps be understood on the ground that the son of the German Under-Secretary of State, von Weizsäcker, is attached to the Kaiser-Wilhelm-Institut in Berlin where some of the American work on uranium is now being repeated.

Yours very truly,
A. Einstein
(Albert Einstein)

Der Brief an den amerikanischen Präsidenten.

Vertretern des Heeres und der Flotte, um die von Ihnen angedeuteten, das Element Uran betreffenden Möglichkeiten gründlich zu prüfen. [...]

Ich bitte Sie, meinen aufrichtigen Dank entgegenzunehmen.

Ihr sehr ergebener
Franklin D. Roosevelt«

Auftritt mit Ehefrau Elsa und Charlie Chaplin 1931 in Los Angeles.

DER ÖFFENT-
LICHE MENSCH

Berlin

Einstein ist berühmt geworden, während er in Berlin war, und Berlin ist berühmt geworden, während Einstein dort lebte – und zwar 18 Jahre lang von 1914 bis 1932. Der Aufstieg Einsteins zum Weltruhm beginnt 1919, als eine Expedition ihre Meßergebnisse meldet, denen zufolge der Raum so gekrümmt ist, wie er es vorhergesagt hat. Einsteins Porträt erscheint auf der Titelseite der *Berliner Illustrirten Zeitung*, und die Stadt umjubelt ihren prominenten Weltbürger, um sich selbst zu feiern. Die Geschichte tritt in die Phase ein, die Historiker als die »goldenen Zwanziger Jahre« – die »Roaring Twenties« – beschreiben, die wir uns heute noch im Kino anschauen (etwa in »Cabaret« mit Liza Minnelli). Ein Star unter vielen ist Bertolt Brecht, dessen »Dreigroschenoper« zur Uraufführung kommt. In Berlin entstehen auch moderne Filme in den Studios der UFA. Berühmt wird »Das Kabinett des Dr. Caligari«, in dem der Regisseur mit Raum und Zeit spielt. »Das ist etwas ganz Neues«, wie Kurt Tucholsky als Kritiker schreibt, und neu sind auch die Musik (Arnold Schönberg) und die Architektur

(Bauhaus). Neu ist aber auch die Gewalttätigkeit, die in die Politik kommt. 1922 wird Außenminister Walther Rathenau erschossen, mit dem Einstein befreundet war, und dieser Mord läßt in ihm immer wieder den Gedanken aufkommen, nicht nur Berlin, sondern Deutschland den Rücken zu kehren. Aber es gibt gute Menschen wie Max Planck und Max von Laue, die ihn hier halten – zumindest solange die Nazis nicht an die Macht kommen.

Wie vertraut Rathenau und Einstein miteinander waren, zeigt die Tatsache, daß beide ausführlich sowohl über Politik als auch über Physik gesprochen haben. Rathenau hat beides einmal verwoben, indem er Einsteins Ideen zur Gleichzeitigkeit durch eine Szene illustrierte, bei der jemand versucht, den Zaren zu ermorden, indem er zwei Dynamitstäbe in den Zug wirft, mit dem der russische Herrscher unterwegs ist. Doppelt genäht hält besser. Die beiden Explosionen sollen im Zug nacheinander erfolgen, um den Zaren sicherer treffen zu können. Die Relativitätstheorie erlaubt es dem Attentäter auf dem Bahnsteig nun, die beiden Detonationen so einzustellen, daß er sie als ein Erlebnis wahrnimmt.

Preußische Akademie
der Wissenschaften

Einstein hat in seinem Leben viel Antisemitismus erfahren müssen, wobei ihm vermutlich am schlimmsten zugesetzt hat, wie die Preußische Akademie der Wissenschaften zu Berlin mit ihm umgegangen ist, und zwar nach dem 30. Januar 1933. Der beschämende Briefwechsel mit der Akademie ist in »Mein Weltbild« unter der Überschrift »Im Kampf gegen den Nationalsozialismus« nachzulesen, und man schüttelt heute noch den Kopf über die Vorwürfe der »Greuelhetze« gegen Deutschland, die man Einstein vorwirft, und den hämisch blöden Stolz, mit dem der Ständige Sekretär der Akademie betont, »keinen Anlaß« zu sehen, »den Austritt Einsteins zu bedauern«, mit dem er seinem Rauswurf zuvorgekommen war.

Angefangen hatte das alles ganz anders, nämlich mit der feierlichen Aufnahme Einsteins dank der Initiative von Max Planck in die Akademie im Anschluß an seine Übersiedlung nach Berlin. In seiner Antrittsrede betonte Einstein, wie dankbar er für seine Mitgliedschaft sei, ermögliche sie ihm doch, sich ohne Berufssorgen ganz und gar auf seine wissenschaftliche Arbeit zu konzentrieren. Eine größere Wohltat könne man einem Menschen wie ihm nicht erweisen.

Damals war die Welt noch in Ordnung. Sie zerfiel aber bald, als man einen Monat nach Einsteins

Antrittsrede in den Ersten Weltkrieg hineinschlitterte und auch bei seinen Kollegen die Bajonette mehr als die Bücher zählten und militärisches Exerzieren hoch im Kurs stand, für das man – laut Einstein – gar kein Großhirn brauche, da das Rückenmark dafür ausreiche. Er blieb ein Fremdkörper in akademischen Kreisen, und im Jahre 1933 erklärte er »den Zustand im jetzigen Deutschland als einen Zustand psychischer Erkrankung der Massen«. Hier hatte er nichts mehr verloren.

Einstein segelt auf dem Havelsee bei Berlin (um 1930).

Ein Haus für Albert Einstein

Zu Einsteins 50. Geburtstag (1929) wollte die Stadt Berlin ihrem weltberühmten Bürger ein Haus schenken. Es sollte in dem Haveldorf Caputh vor den Toren Potsdams gebaut werden und dem großen Mann leichten Zugang zum Wasser bieten, damit er hier seinem geliebten Segelsport nachgehen konnte – mit einer Jolle, die er »Tümmler« nannte. Der Architekt Konrad Wachsmann wurde um die Pläne gebeten, doch noch bevor seine Entwürfe vorlagen, begannen antisemitisch und deutschnational eingestellte Abgeordnete des Berliner Stadtparlaments gegen das ganze Vorhaben zu polemisieren. Bald hatte Einstein die Nase von dem Gezerre voll. Er verzichtete auf das Geschenk und ließ das Haus auf eigene Rechnung bauen. Es wurde sogar 1929 fertig, und seitdem lebten die Einsteins – Albert und Elsa – entweder in Caputh oder in der Stadtwohnung in der Haberlandstraße (am Bayerischen Platz).

In Caputh hat Einstein viele Frauen (am Nachmittag) und viele Herren (am Abend) empfangen. In die Gästeliste haben sich unter anderem Stefan Zweig, Heinrich Mann, Alfred Kerr und Kollegen wie Planck und von Laue eingetragen.

Segeln

Die Stunden, die Einstein beim Segeln verbringen konnte, empfand er selbst als seinen Jungbrunnen. Und nachdem die Nazis ihn aus Berlin vertrieben hatten, vermißte er – neben den Freundinnen – vor allem sein »dickes Segelschiff«, den Jollenkreuzer »Tümmler«. Freunde hatte ihm das aus massivem Mahagoni gefertigte Boot, auf dem eine Segelfläche von 20 Quadratmetern zur Verfügung stand, zum 50. Geburtstag geschenkt. So wurde es Einstein möglich, oft den ganzen Tag auf dem Wasser zu verbringen und den Zustand des »pflanzenhaften Dämmerns« zu genießen, in den er in dieser Situation leicht verfiel.

In vielen Berichten läßt sich nachlesen, daß Einstein nicht nur ein leidenschaftlicher, sondern auch ein guter Segler war, der auch gern erläuterte, wie die Kraft des Windes auf die Segel übertragen wird. Eine komplizierte Ausrüstung braucht man dazu nicht. Sie findet sich auch nicht bei ihm. Neben den Leinen reichte ihm die Pfeife, die er auf vielen Bildern in der Hand hält.

Musik

Einstein hat gern und gut Geige gespielt, sich ansonsten aber über Musik zurückhaltend geäußert. Befragt, »was ich zu Bachs Lebenswerk zu sagen habe«, lautete seine Antwort: »Hören, spielen, lieben, verehren und – das Maul halten.« Und »zu Schubert habe ich nur zu bemerken: Musizieren, Lieben – und Maulhalten!«

Natürlich weiß die historische Forschung genau, welche Komponisten Einstein besonders geschätzt hat – »Bach, Mozart und einige alte Italiener und Engländer« –, wobei er festhält: »Nie gefällt mir ein Werk, dessen innere Einheit ich nicht gefühlsmäßig erfassen kann.« Und wenn ihm Stücke nicht behagen, kann sich Einstein auch schon einmal grob äußern. Zu einigen Werken von Brahms meint er: »Ich begreife nicht, daß es notwendig war, sie zu schreiben«. Und was Wagner angeht, so »empfinde ich die musikalische Persönlichkeit als unbeschreiblich widerwärtig, so daß ich ihn meist nur mit Widerwillen anhören kann.«

Offenbar hat er am liebsten Mozarts Violinsonaten – vor allem die in G-Dur – gespielt, in die sich schon der 13jährige Schüler verliebt hat. Für Einstein ist Mozarts Musik »so rein und schon, daß ich sie als die innere Schönheit des Universums selbst ansehe«.

Nobelpreis

Das Thema »Einstein und der Nobelpreis« enthält drei Überraschungen. Zum einen hat er die Auszeichnung der Schwedischen Akademie – wie erwähnt – nicht für seine Relativitätstheorien, sondern für seine frühen Beiträge zur Quantenphysik bekommen. Zum zweiten war Einstein im Jahr der Preisverleihung (1921) auf Weltreise. An dem Tag, an dem seine Auszeichnung bekanntgegeben wurde, sprach Einstein gerade in der alten japanischen Hauptstadt Kioto. Es freute ihn diebisch, damit der Verpflichtung enthoben zu sein, zur Entgegennahme des Preises selbst nach Stockholm reisen zu müssen. Allerdings ahnte er nicht, was er damit diplomatisch auslöste. Die Schwedische Akademie bat nämlich den deutschen Botschafter, an Einsteins Stelle Medaille und Urkunde entgegenzunehmen, worauf der gern trotz seiner Kenntnis einging, daß Einstein Schweizer Staatsbürger war. Zwar protestierten die Eidgenossen, aber die deutsche Regierung erklärte, »Einstein ist Reichsdeutscher«, obwohl der Laureat, der auf einmal Doppelstaatler war, davon nichts wußte und auch nichts wissen wollte.

Die dritte Überraschung hat mit dem Geld zu tun, das mit dem Nobelpreis verbunden ist. Für Einstein war es nur eine Frage der Zeit, bis er die Auszeichnung bekam. Um es nun seiner Frau zu erleichtern, in die Scheidung einzuwilligen, hat er

ihr schon im Sommer 1918 die dazugehörige be-
trächtliche Summe in Schwedischen Kronen ver-
sprochen. Die Krone stellte in den Jahren nach dem
Ersten Weltkrieg eine stabilere Währung als die
Reichsmark dar, mit der in Berlin sein Gehalt ge-
zahlt wurde.

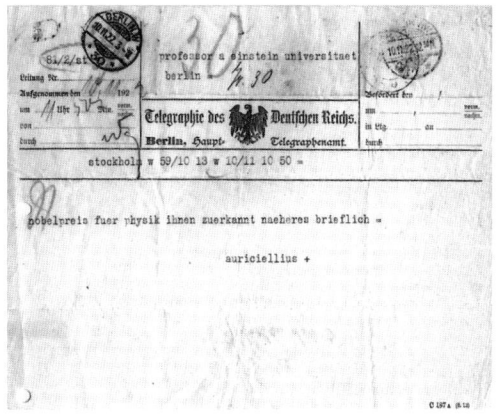

Das Telegramm, das den Nobelpreis für Physik an-
kündigt.

Pazifismus

Zu den Standardbemerkungen über Einstein gehört der Hinweis auf seine pazifistische Haltung. Tatsächlich verabscheut er gewalttätige Auseinandersetzungen, und in einem Text mit dem Titel »Zur Abschaffung der Kriegsgefahr« findet sich der wichtige Satz: »Töten im Krieg ist nach meiner Auffassung um nichts besser als gewöhnlicher Mord.« Darüber hinaus ist es Gandhi, den er als den »größten politischen Genius unserer Zeit« bezeichnet, weil der indische Politiker erkannt hat, welche Opfer gebracht werden müssen, um den Weg der Toleranz in eine friedliche Zukunft zu finden. Aber Einstein ist auch Realist, der sieht, daß Staaten anders handeln (müssen) als Individuen und genötigt bleiben, »sich auf einen Krieg vorzubereiten«. Genau diese Haltung empfiehlt er 1939 dem amerikanischen Präsidenten Roosevelt, als er ihn dazu auffordert, mit der Entwicklung einer Atombombe zu beginnen. Mit diesem Stichwort wird klar, daß Einsteins Friedensappelle vor dem Hintergrund einer neuen Dimension der Vernichtung erklingen, die aus der Wissenschaft kommt. Mit den Kernwaffen besteht nämlich die Gefahr, die Menschheit in die Steinzeit zurückzubomben, und Einstein überfällt die Ahnung, daß der nächste Krieg mit Pfeil und Bogen geführt werden wird. In einer Ansprache vor einer Abrüstungsversammlung beginnt Einstein explizit mit einem Hinweis auf das zweischneidige Schwert seiner Wissenschaft:

»Die letzen Generationen haben uns in der hochentwickelten Wissenschaft und Technik ein überaus wertvolles Geschenk in die Hand gegeben, das Möglichkeiten der Befreiung und Verschönerung unseres Lebens mit sich bringt ... Dieses Geschenk bringt aber auch Gefahren für unsere Existenz mit sich, wie sie noch niemals schlimmer gedroht haben. Mehr als je hängt das Schicksal der zivilisierten Menschheit von den moralischen Kräften ab, die sie aufzubringen imstande ist. Deshalb ist die Aufgabe, die unserer Zeit gestellt ist, nicht etwa leichter als die Aufgaben, welche die letzten Generationen gelöst haben.«

Wie eine Lösung konkret aussehen könnte, weiß allerdings auch Einstein nicht.

Judentum

Einstein ist in Deutschland geboren, hat sein Wunderjahr in der Schweiz erlebt, ist in den USA gestorben – aber seinen literarischen Nachlaß und die Rechte an seinen Schriften hat er testamentarisch der Hebräischen Universität in Jerusalem zugesprochen. Dorthin wurde auch seine Bibliothek geschafft. Einstein war Anfang 1923 zum ersten Mal in Palästina, zu seinem 70. Geburtstag hat er hier voller Dankbarkeit die Ehrendoktorwürde angenommen, und er hat ausdrücklich festgehalten, daß es jüdische Ideale gebe:

»Das Streben nach Erkenntnis um ihrer selbst willen, an Fanatismus grenzende Liebe zur Gerechtigkeit und Streben nach persönlicher Selbständigkeit – das sind Motive der Tradition des jüdischen Volkes, die mich meine Zugehörigkeit zu ihm als ein Geschenk des Schicksals empfinden lassen.«

Das intellektuelle Gefühl der Zugehörigkeit wurde 1952 auf eine harte praktische Probe gestellt, als der erste Präsident des Staates Israel, der Chemiker Chaim Weizmann, gestorben war und in diesem Augenblick der Trauer viele Juden in aller Welt hofften, Einstein würde seine Nachfolge antreten. Man wußte, daß er »der Idee des Zionismus sehr ergeben« und von der Notwendigkeit eines jüdischen Staates überzeugt war, und bot ihm das Amt des Präsidenten an. Doch er lehnte ab. Einstein betonte seine starke »menschliche Bindung« zu

Einstein mit dem Chemiker Chaim Weizmann in New York (April 1921); Weizmann wurde 1948 erster Präsident von Israel.

seinem Volk, er fühle Trauer und Beschämung, aber er könne nicht zusagen, denn: »Mein Leben lang mit objektiven Dingen beschäftigt, habe ich weder die natürliche Fähigkeit noch die Erfahrung im richtigen Verhalten zu Menschen in der Ausübung offizieller Funktionen.«

Schulnoten

Es gehört zu den nicht aus der Welt zu schaffenden Gerüchten, daß Einstein ein schlechter Schüler war. Natürlich war er kein ehrgeiziger, büffelnder Knabe, und wie alle Teenager haßte er das sinnlose Pauken und den Drill der Prüfungen. Aber seine Noten waren gut. In Latein hatte er mindestens eine 2, in Griechisch zeigen seine Zeugnisse stets eine 2, in der Mathematik schwankten die Bewertungen anfangs zwischen 1 und 2, um schließlich bei der 1 zu landen. Auch beim Studium zeigte er sich auf der Höhe der Anforderungen, und seine Lehrer bemängelten etwas anderes: »Sie sind ein gescheiter Junge«, wird einer seiner Dozenten in Zürich zitiert, »aber Sie haben einen großen Fehler. Sie lassen sich nichts sagen.«

Im heutigen Sprachgebrauch würde man Einstein als antiautoritär bezeichnen. Er fand alle, die sich als Autorität aufspielten, eher zum Lachen, was sein Leben als Schüler im Kaiserreich nicht leichter machte. (Einstein hat es übrigens als Strafe des Herrn empfunden, ihn selbst später eine Autorität werden zu lassen.)

Die Frage, wie jemals das Gerücht des schlechten Schülers Einstein in die Welt kommen konnte, läßt sich leicht beantworten. Einstein ist eine zeitlang in der Schweiz zur Schule gegangen, und hier werden Noten als Punkte gegeben. Einser in Deutschland entsprechen Sechsern in der Schweiz, und genau die stehen in seinem Zeugnis. Leider hat sein erster Biograph dies nicht gewußt. So lasen die Menschen vom schlechten Schüler Einstein, und diese Vorstellung gefiel allen, die selbst ohne glänzende Zeugnisse dastanden. Ihre schlechten Noten ließen ihnen wenigstens die Hoffnung, noch ein Einstein werden zu können. Da die Hoffnung zuletzt stirbt, wird auch das Gerücht bleiben, bis wir nichts mehr zu lesen haben.

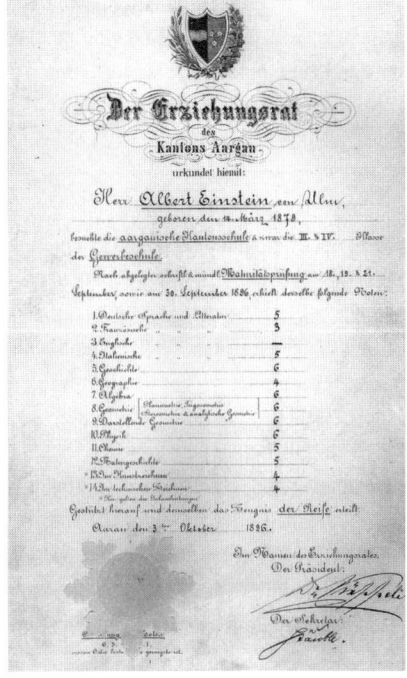

Einsteins Schulnoten in der Schweiz – die 6 ist die beste Note (die meisten Punkte).

Ein Angsttraum

Zu Weihnachten 1917 hat Einstein in der Morgenausgabe des *Berliner Tagblatt* einen kleinen Beitrag mit dem Titel »Der Angsttraum« veröffentlicht. Er endet mit der Forderung, die Reifeprüfung abzuschaffen, die er für unnütz und schädlich zugleich hält:

»Für unnütz halte ich [die Reifeprüfung], weil die Lehrerschaft einer Schule die Reise eines jungen Mannes, der die Schule mehrere Jahre besucht hat, ohne Zweifel wird beurteilen können.« Und »für schädlich halte ich [sie] aus zwei Gründen«. Da sind zum einen die »Examensangst« und »die große Menge des gedächtnismäßig zu assimilierenden Stoffes«, die beide Schaden für die Gesundheit vieler junger Menschen mit sich bringen. Und da ist zum zweiten der Tatbestand, daß die bevorstehende Reifeprüfung »das Niveau des Unterrichts in den letzten Schuljahren herabsetzt«. Statt sich mit der Sache zu beschäftigen, konzentrierten sich die Lehrer auf die »äußerliche Abrichtung« der Schüler. Statt sich um eine Vertiefung des Stoffs zu bemühen, kümmerte man sich um den »äußerlichen Drill, der der Klasse vor den Examinatoren einen gewissen Glanz verleihen soll.

Darum fort mit der Reifeprüfung.« So Einstein 1917 in Berlin.

Popularität

»Woher kommt es, daß mich niemand versteht und jeder mag?« hat Einstein einmal in einem Interview mit der *New York Times* gefragt. Und Charlie Chaplin hat ihm in Hollywood darauf geantwortet: »Mir applaudieren die Leute, weil mich alle verstehen, und Ihnen, weil niemand Sie versteht.«

Offenbar hängt Einsteins Popularität damit zusammen, daß (nahezu) niemand versteht, was er als Wissenschaftler zu sagen hat, obwohl sich (fast) alle dafür interessieren. Und wir interessieren uns alle dafür, weil es um unseren Aufenthaltsort im Kosmos, um unseren Platz in der Welt geht. Wer will nicht verstehen, wie das Universum aussieht? Und Einstein hat es herausgefunden, und zwar ohne Maschinen, allein durch Nachdenken.

Der Hinweis, daß (nahezu) niemand versteht, was Einstein sagt, müßte genauer lauten, daß (fast) niemand versteht, was er über Raumkrümmung, Gleichzeitigkeit und Lichtquanten sagt. Denn wenn sich Einstein seinem zweiten Lieblingsthema zuwendet und über Gott oder Götter spricht, dann versteht man sehr wohl, was er sagt (oder meint es auf jeden Fall). Einstein äußert sich hier fast naiv wie ein pfiffiger Konfirmand, etwa wenn er wissen will, an welchen Schräubchen im Himmel gedreht wird, um das Universum in Gang zu halten, oder wenn er der Welt seine Überzeugung mitteilt, daß der Herrgott zwar raffiniert, aber nicht bösartig ist.

Wenn wir im Alltag jemandem vorwerfen wollen, er sei zu weitschweifig gewesen, sagen wir, er habe von Gott und der Welt gesprochen. Bei Einstein trifft genau dies zu, mit dem Unterschied, daß wir begeistert sind vom dem, was er sagt, auch wenn wir nur die Hälfte davon verstehen.

Einstein antwortet nicht nur gern auf Fragen nach Gott, er macht auch sonst all den Blödsinn mit, den die Öffentlichkeit von ihm verlangt, und da sein Äußeres auffällig ist – er trägt lange Haare und keine Socken – und uns seine Augen so gütig anschauen oder sein Gesicht so freundlich lächelt, stellt er das ideale Objekt für die Medien dar, womit seine Popularität garantiert ist.

Einsteins Poesie

Einstein war ein Meister der Sprache, und er hat sogar eine kleine Sammlung von Aphorismen geschrieben. Sie sind Leo Baeck gewidmet, dem charaktervollen Führer des deutschen Judentums im 20. Jahrhundert, und sie finden sich in *Mein Weltbild*. Hier heißt es zum Beispiel:

»Um ein tadelloses Mitglied einer Schafherde sein zu können, muß man vor allem ein Schaf sein.« Oder: »Wer es unternimmt, auf dem Gebiet der Wahrheit und der Erkenntnis als Autorität aufzutreten, scheitert am Gelächter der Götter.« Oder: »Die Majorität der Dummen ist unüberwindbar und für alle Zeiten gesichert. Der Schrecken der Tyrannei ist indessen gemildert durch Mangel an Konsequenz.«

In Einsteins Aufsätzen finden sich immer wieder Sätze, die es lohnt, auswendig zu lernen, um mit ihnen spazierenzugehen. In einem Text über »Geometrie und Erfahrung« heißt es zum Beispiel: »Insofern sich die Sätze der Mathematik auf die Wirklichkeit beziehen, sind sie nicht sicher, und insofern sie sicher sind, beziehen sie sich nicht auf die Wirklichkeit.«

Einstein hat sowohl Anlaß, die Wissenschaft zu loben – »Wenn auch die Öffentlichkeit den Einzelheiten der wissenschaftlichen Forschung nur in bescheidenem Maße folgen kann, so hat sie doch ein Großes und Wichtiges gewonnen – das Vertrauen in die Sicherheit des menschlichen Denkens und in die Gesetzlichkeit des Naturgeschehens« – als auch Grund, Aspekte von ihr zu kritisieren: »Mancher Wissenschaftler kommt mir vor, als suche er in einem Brett den dünnsten Fleck und bohre dann durch diese ohnehin schon dünne Stelle möglichst viele Löcher. So entstehen seine wissenschaftlichen Abhandlungen.«

Er weiß genau: »Ein Wissenschaftler ist eine Mimose, wenn er selbst einen Fehler gemacht hat, und ein brüllender Löwe, wenn er bei einem anderen einen Fehler entdeckt.«

Albert Einstein an der Geige, Paul Ehrenfest am Klavier (Zeichnung von Maryke Kamerlingh Onnes).

Einsteins Freiheit

Es ist oft davon gesprochen worden, daß Einstein so etwas wie den freiesten Menschen repräsentiert, den man sich vorstellen kann. Dagegen könnte man viel sagen, indem man auf seine deterministischen Begierden und seine Skepsis im Hinblick auf den freien Willen verweist. Und doch gab es einen Ort der Freiheit für ihn, und der lag in seinem Denken. Denn – so seine feste Überzeugung, ausgedrückt in einem Aufsatz mit dem wenig attraktiven Titel »Zur Methodik der theoretischen Physik« (abgedruckt in *Mein Weltbild*) – die Begriffe und Grundgesetze, die einer physikalischen Theorie wie seiner Kosmologie oder der Quantenmechanik zugrunde liegen, sind »freie Erfindungen des menschlichen Geistes, die sich weder durch die Natur des menschlichen Geistes noch sonst in irgendeiner Weise a priori rechtfertigen lassen«.

Einsteins Gehirn

Nach Einsteins Tod ist sein Denkorgan den Medizinern in die Hände gefallen. Es gibt spannende Geschichten zu diesem Thema – ausführlich und zuverlässig beschrieben in *Geniale Gehirne* von Michael Hagner (Göttingen 2004) –, denn offenbar ist Einsteins Gehirn nicht auf dem kürzesten Wege dort angekommen, wo es jetzt zum ersten Mal gründlich untersucht worden ist, nämlich in der McMaster-Universität im kanadischen Ontario in der Abteilung von Sandra Witelson. Man mag sich wundern, warum die Forscher so lange gewartet haben, um sich dem Wunderwerk unter Einsteins Schädeldecke zu nähern, aber im Jahre seines Todes (1955) steckte die Neurobiologie noch in den Kinderschuhen. Jetzt ist sie besser geworden, und das Witelson-Team konnte einige auffällige Anomalien erkennen. Einsteins Gehirn weist unter anderem einen um 15 Prozent größeren Scheitellappen als die Denkorgane normal intelligenter Mitmenschen auf, und die sogenannte Zentralfurche, die normalerweise das Gehirn von der Stirn bis nach hinten durchläuft, zeigt sich bei Einsteins Gewebe nicht ganz ausgebildet. Könnte hier der anatomische Schlüssel für sein Genie liegen? Die Forscher vermuten es und suchen nun andere Gehirne, um ihre Hypothese zu testen. Wer macht mit?

Statt eines Ausblicks: »Aus meinen späten Jahren«

»Unzählige Zungen verkünden seit geraumer Zeit, daß sich die Gesellschaft im Zustande einer Krise befinde und daß ihre Stabilität ernstlich erschüttert sei. Merkmal eines solchen Zustandes ist es, daß die einzelnen Individuen der engeren und weiteren Gemeinschaft, welcher sie angehören, gleichgültig oder gar feindlich gegenüberstehen. Um kurz zu illustrieren, wie ich das meine, erzähle ich folgendes Erlebnis: Ich sprach mit einem intelligenten und gut gearteten Menschen über die Gefahr eines den Fortbestand der Menschheit ernstlich bedrohenden Vernichtungskrieges und darüber, daß nur eine internationale Organisation einen wirklichen Ausweg biete. Da sagt der Mann in großer Ruhe zu mir: ›Warum sind Sie denn so sehr dagegen, daß die Menschen von der Erde verschwinden?‹

Noch vor hundert Jahren hätte nicht so leicht jemand eine solche Äußerung getan. Es ist die Äußerung eines Menschen, der vergeblich nach einem inneren Gleichgewicht gestrebt und der mehr oder weniger die Hoffnung verloren hat, ein solches Gleichgewicht zu erlangen. Es ist der Ausdruck einer schmerzhaft empfundenen seelischen Vereinsamung, der in unserer Zeit so viele zum

Opfer fallen. Was ist die Ursache? Gibt es einen Ausweg?«

(Aus dem Aufsatz »Warum Sozialismus?«, 1949)

Einstein wendet uns den Rücken zu. Er segelt ab.

Einige Hinweise
zur Literatur[1]

Die Gesamtausgabe

The Collected Papers of Albert Einstein,
Vol. 1–9, Princeton, seit 1987,
verschiedene Herausgeber

Hinweise zu Einstein-Texten

Aus meinen späten Jahren, Stuttgart 1979

Einstein sagt, München 1997

Mein Weltbild, 27. Aufl., Berlin 2001

Über die spezielle und die allgemeine Relativitäts-
theorie, 23. Aufl., Berlin 1998

John Stachel (Hg.),
Einsteins Annus mirabilis, Reinbek 2001

CD

Verehrte An- und Abwesende, Audio-CD, Köln 2003

---

[1] Es ist damit zu rechnen, daß einige der genannten Bücher im Einstein-Jahr 2005 neu erscheinen; hier werden die Ausgaben zitiert, die dem Autor vorliegen; es ist natürlich auch damit zu rechnen, daß neue Biographien und Textsammlungen auf den Markt kommen.

Hinweise zu Einstein-Biographien

Carl Seelig, *Albert Einstein*, Zürich 1960

Albrecht Fölsing, *Albert Einstein*,
Frankfurt am Main 1993

Armin Hermann, *Einstein*, München 1994

Ernst Peter Fischer, *Einstein*, Heidelberg 1996

Abraham Pais, *Raffiniert ist der Herrgott*,
Heidelberg 2000

Register

PIPER

Ernst Peter Fischer
Einstein, Hawking, Singh & Co.

Bücher, die man kennen muß. 288 Seiten.
Serie Piper

Herausragende Naturwissenschaftler wie Einstein,
Feynman, Heisenberg oder Watson erklären in
ihren Büchern, »was die Welt im Innersten zu-
sammenhält«. Aber: Wer hat diese Bücher wirklich gelesen? Ernst Peter Fischer, der sie alle
kennt, stellt hier den Kanon der wichtigsten
Bücher vor. Prägnant porträtiert er die Autoren
und erzählt, was man aus diesen Büchern lernen
kann, um die Welt besser zu verstehen.

»Ein interessantes Projekt, das sehr lesenswert ist
und vielleicht dazu führt, daß man einige Werke
detaillierter liest.«
Literatour

PIPER

Ernst Peter Fischer
Aristoteles, Einstein & Co.

*Eine kleine Geschichte der Wissenschaft in
Porträts. 448 Seiten. Serie Piper*

Sie lebten, liebten, und manchmal lispelten sie sogar – wie Aristoteles, einer der sechsundzwanzig
großen Forscher der Wissenschaft, die Ernst Peter
Fischer hier vergnüglich und informativ vorstellt.
Von der Antike bis in die Gegenwart erzählt er in
spannenden Porträts die Geschichte der Wissenschaft und bringt uns damit die großen Geister
näher: von Aristoteles über Kopernikus, Descartes
und Newton bis Marie Curie, Albert Einstein und
Richard P. Feynman. Ein unterhaltsames und
gelehrtes Who's who der großen Wissenschaftler.

»Ein spannendes, leicht und mit Vergnügen zu
lesendes Buch.«
HandelsZeitung

PIPER

Armin Hermann
Einstein

Der Weltweise und sein Jahrhundert. Eine Bio-
graphie. 636 Seiten. Serie Piper

Albert Einstein (1879–1955) ist der berühmteste
Wissenschaftler des 20. Jahrhunderts. Armin Hermann nähert sich dem Phänomen Einstein über
den Lebenslauf dieser höchst eigenwilligen Persönlichkeit, über sein kulturelles und politisches
Umfeld und nicht zuletzt über Einsteins Bezie-
hung zu Frauen. Es gelingt ihm, das Genie Einstein, seine wissenschaftliche Leistung, sein revo-
lutionäres Denken und seine Eigenheiten vor dem
Hintergrund der Welt- und Kulturgeschichte des
20. Jahrhunderts verständlich zu machen.

»Die Leute verehren mich, weil sie alles von mir
verstehen, und sie verehren Sie, weil sie nichts
von Ihnen verstehen.«
Charlie Chaplin zu Albert Einstein